我的救援之路

王念法　著

地震出版社
Seismological Press

图书在版编目（CIP）数据

我的救援之路 / 王念法著 . -- 北京：地震出版社，
2023.4

ISBN 978-7-5028-5293-1

Ⅰ . ①我… Ⅱ . ①王… Ⅲ . ①灾害－救援 Ⅳ .
① X4

中国版本图书馆 CIP 数据核字 (2021) 第 099662 号

地震版 XM4806/X (6108)

我的救援之路

王念法 著

责任编辑：鄂真妮
策划编辑：鄂真妮
责任校对：凌 樱
资料统筹：刘卫康 王效国 张 静 刘伟杰 张 通

出版发行：地震出版社
北京市海淀区民族大学南路 9 号　　　　　邮编：100081
发行部：68423031 68467991　　　　　传真：68467991
总编室：68462709 68423029
http://seismologicalpress.com

经销：全国各地新华书店
印刷：河北文盛印刷有限公司

版（印）次：2023 年 4 月第一版　2023 年 4 月第 1 次印刷
开本：710×1000　1/16
字数：220 千字
印张：14.75
书号：ISBN 978-7-5028-5293-1
定价：48.00 元

编辑的话

有一支救援队曾多次参与国内外大震现场救援行动，面临生死考验，他们是震后废墟上的"生命使者"，也是可爱的"追梦逆行者"，他们就是国家地震灾害紧急救援队队员。

我们出版社的前任社长曾是国家地震灾害紧急救援队（对外称"中国国际救援队"）的组建者并担任首任副总队长，现任社长曾是国家地震紧急救援训练基地（位于北京西山凤凰岭脚下）的建设者，他们有着共同的执着救援情怀，于是请来一位典型代表——王念法来为我社进行一场"震旦讲堂"讲座。作为专业出版社的编辑，我心底的英雄情结被唤醒了，于是主动请缨，打算策划、编辑、出版一部关于一名优秀救援队员应当具备什么样的职业品质、素养、能力、经验的图书作品，以此来为忠诚的职业救援队员，竭诚的救援志愿者队伍，热诚的救援事业参与者、支持者们参阅与借鉴。社领导大力支持我的想法，于是讲座结束后，我带着光荣的使命走近了这位震后废墟上的"生命使者""追梦逆行者"。

王念法是国家地震灾害紧急救援队队员，中国地震应急搜救中心培训部副主任，国家地震紧急救援训练基地副主任、教官，中国共产党第十八次全国代表大会代表。2003年在部队荣立过个人三等功；2006年获得北京军区优秀士官成才奖三等奖；2008年被人力资源和社会保障部与中国地震局授予"全国地震系统抗震救灾英雄"荣誉称号；2008年被中国地震局直属机关党委评为"优秀青年"；2009年被首都国庆 60 周年北京市筹备委员会授予群众游行"优秀工作者";2010 年被中国地震局直属机关党委授予"直属机关优秀青年"称号;2011 年、2016 年被中国地震局直属机关党委授予"优秀共产党员";2019 年、2021 年被中共应急管理部机关党委评为"优秀共产党员";2019 年被中共中央宣传部、应急管理部授予"最美应急管理工作者"称号。

2001 年王念法成为国家地震灾害紧急救援队第一批队员,至今已 22 年。他曾参与了四川汶川、芦山及青海玉树、甘肃舟曲、新疆巴楚—伽师、云南彝良、阿尔及利亚、伊朗巴姆、印度尼西亚班达亚齐和日惹、巴基斯坦、海地、尼泊尔、新西兰等十余次国内外地震救援。作为队员参与或作为现场指挥员共成功救出 26 人。在 2008 年汶

王念法在传授技能,讲解要点

川地震中，他直接参加救出13名幸存者，其中有"阳光女孩""可乐男孩""手机女孩"等至今在媒体和公众视野中耳熟能详的"人物"。

2003年5月22日，阿尔及利亚发生了6.9级地震，在38支国际救援队伍中，只有中国救援队和印度救援队来自发展中国家。让人骄傲的是中国救援队首次在国际救援舞台上登场就成功搜救出一名幸存者，在那次救援任务中，只有中国和法国两个国家救援队救出了幸存者。每每想起这件事，王念法心底的民族自豪感和国家荣誉感都会油然而生。

在地震救援现场，王念法说的最多的话是"跟我来"，正是这句话给同行的队友们吃下了定心丸。他始终坚信"我是党员我先上"不能光靠嘴巴去说，而要用实际行动去证明。他说："我的责任就是在最危险的时候，我都要先上。"

"哪里有灾难，哪里需要我，哪里就有我。"王念法如是说，于是在很多新闻现场报道和救援纪录片中，他总是出现在人群的最后面，因为每次参与救援，他几乎都是最先进入，最后出来。同事刘卫康说："哪里最危险，哪里就能看到王念法的身影。"22年来，他始终战斗在灾情最严重、处境最危险、情况最复杂、救援最困难的第一线，用大无畏的救援精神和过硬的救援技术拯救出废墟下的一条条生命。

为了对王念法有更多的了解，我来到国家地震紧急救援训练基地。一进基地，看着眼前的"废墟"场景，我惊呆了：一整幢楼发生倾斜，与地面形成约18度的夹角，斜楼东北两侧是用管道、预制板和建筑渣土堆砌成的废墟。王念法鼓励我从楼梯走上去，未曾想这座3层的倾斜小楼让我花费不少时间和体力来克服地心引力带来的生理障碍。可以想见，在救援现场王念法和其他救援人员所要付出的辛劳实在是我们无法想象的。跟随他去综合楼办公室时，我才走到1层半，年过40岁的王念法已大步流星地走到了3层，可以想象这优秀的身体素质定是经历了太多常人无法忍受的历练才练就出来的。

落日余晖里的蓝色救援帐篷在远处凤凰岭雄伟山峰的映衬下，显得格外醒目。基地教官吴需说有时这些救援队员的临时容身之所要安

2022 年元旦，王念法的儿子为他画的肖像画

扎在农田里，我不禁假想了一下那不甚友好的环境该有多么不适宜暂住；参观荣誉室时，我盯着压缩粮食直咽口水，吴需说第一次吃这种食品时，根本不知道应该怎样食用，救援结束时他早已饿坏了，结果打开袋子就开始啃，却怎么也啃不动。哈哈大笑后突然间，我想到社里无条件地支持自己来编辑王念法的书，除了要锻炼年轻编辑，也是让我在编辑这本书的全流程中经受一场洗礼，教我在生活中多感恩，因为世间并没有所谓理所应当，为我们撑起一片天的除了自己，还有太多没有想起的人，他们或是家人，或是朋友，或是陌生人。如王念法这样的英雄们托起了太多生命的希望，他们平凡而伟大，在灾难来临时，给人带来无穷的力量。

本书编辑：鄂真妮

2023 年 1 月 23 日

目 录
CONTENTS

第一部分　我的 **成长路**

2　我的名字

3　我的年味

3　听爷爷奶奶讲故事

4　上学

5　快乐的时光

6　我的爹娘

7　盖起了新砖房

8　干农活

8　少年"打工仔"

11　我的从军路

第二部分　我的 **救援路**

24　加入救援队

31　培训案例之一　参加日本东京消防学校第 50 期
　　　　　　　　特别高级救助队培训

38　演练案例之一　参加新加坡 2014 城市精英赛

41　参加十八大盛会

45　作为应急管理部基层代表答中外记者问

第三部分 我的 **实战路**

51 救援案例1 第一次国内救援行动——新疆喀什地区巴楚—伽师地震救援
57 救援案例2 第一次国外救援行动——阿尔及利亚国际救援
67 救援案例3 印度尼西亚班达亚齐国际救援
86 救援案例4 巴基斯坦救援
96 救援案例5 印度尼西亚日惹特别自治区救援
99 救援案例6 汶川8.0级大地震救援
138 救援案例7 海地地震救援
148 救援案例8 青海玉树地震救援
150 救援案例9 甘肃舟曲特大山洪泥石流灾害救援
157 救援案例10 芦山地震救援
162 救援案例11 尼泊尔救援纪实
169 救援实战路上的特殊"战友"——搜救犬

第四部分 我的 **思考路**

176 思考1 救援程序
187 思考2 建筑物安全评估及救援安全要求
191 思考3 安全保障计划
194 思考4 综合搜索行动
197 总结1 地震现场救援要点
200 总结2 救援队应具备的专业能力
213 总结3 救援队需要掌握的救援信息
216 总结4 要向国外同行学习借鉴
217 总结5 如何成为合格的救援队员

221 编后语

第一部分

我的成长路

农家子弟步入军营，部队历练、造就了一名优秀救援队员
"吃苦耐劳、勇往直前、不怕困难"的基本品格

我的名字

　　我的老家在山东省菏泽市定陶区（原定陶县，2016 年定陶撤县设区），定陶周边一二百公里是孔子、孟子、墨子等先贤辈出的地方，这些圣人们留下的思想、典故造就了定陶人尊师重道明理，凡事坚持信念的直爽性格。定陶人豪爽而不莽撞，在黄土地里辛勤耕耘，养活了一代又一代；定陶人与大自然做斗争，几千年来黄河改道，一次次冲刷着这片热土。定陶人种地耕田，向黄土地求果实，靠的是"信念"，靠的是"方法"，于是，"念"与"法"便成了我的名字，这也许就是命中注定的缘分。

　　救援二十年，哪怕遇到危及生命的救援任务，也要铆着那股家乡人"明知山有虎，偏向虎山行"的犟劲儿冲上去，这是我一直坚守的信念，也是我一直遵循的法则。我要用自己最大的力量去帮助那些被埋压的人们，我可以，我也能做到！因为我叫——王念法。

这张照片拍摄于 1986 年，是我在老家唯一的儿时照片

■■■ 我的年味　　　　　　　　　　　　▼

在农村，小孩子一年到头最大的心愿就是过年，因为过年能有好吃的，有新衣服，还有压岁钱，那时家人给的压岁钱也就是1毛、2毛，最多不超过1块，凑在一起能有2块多，我们就会开心得不得了。

每年的大年初一，都是我们最开心、最激动的日子。那时只要听到谁家放鞭炮，我们就会一起跑过去抢那些没有响的鞭炮，因为鞭炮里的火药可以用来制作好多"火柴枪"。

等回到家吃完扁食（饺子）后，我们再跟着家人给祖宗牌位磕头，只要是祖先就得一一磕头，这也是我们老家的一种礼节、一种风俗。

■■■ 听爷爷奶奶讲故事　　　　　　　　▼

1987年前，我们村还没有通电，晚上我常常坐在煤油灯旁听爷爷奶奶讲日本侵占中国时他们所经历的事情。爷爷说："当时因为我们穷，日本人就烧杀抢掠。"我就好奇地问："为什么你们不反抗呢？"爷爷说："反抗呀，我们有红军呢！"这是我第一次听到"红军"这两个字，爷爷说红军是解救咱老百姓的。奶奶说当日本人进村时，她们脸上都会抹上锅灰，日本人看到后感觉脏，就不会进家门了。我想，奶奶当时就是这样保护自己的吧。

爷爷是1923年出生的，他们兄妹4人，爷爷排行老三。因为家里穷没钱上学，爷爷就给别人家打牛草，后来经过自己的努力考上曹县师范，做了一名小学教师。爷爷奶奶共生了6个孩子（5个女儿和1个儿子），我父亲排行老三。

爷爷常说"你们现在多幸福呀，能够吃上白面了。以前家里很穷，特别是1958年，整个村子都没有吃的，那会儿你父亲还小，饿得皮包

2017年我和爷爷在老家大门口

骨头，满脸就显那双大眼睛了。"

奶奶也跟着说："你父亲小时候爱吃榆树上面的榆钱，只要看见榆钱，就用他那脏兮兮的小手抓起来吃，吃完还感叹这个叶子怎么这么好吃呀。其实也没有什么味道，也许只是那叶子能缓解一时的饥饿吧。"

上学

1987年我进入了学生时代，开始学习文化知识。当时，家里给准备了军绿色挎包（也就是书包），里面装着两本书——语文书和数学书。

直到现在我还记得第一天挎着书包去学校时那股雄赳赳、气昂昂的神气劲儿。

"砍头不要紧，只要主义真。杀了夏明翰，还有后来人。"这首《就义诗》是上学期间给我印象最为深刻的一首诗，它一直激励着我要有正义感，要有不怕困难、不怕牺牲的奋斗精神。

也因为这份正义感，我经常热心地去帮助同学们，有时还帮老师去处理同学之间的纠纷，替老师分忧。虽然我的学习成绩一直不太好，但老师说过："每个孩子都是一种花，只是花期不同而已。我坚信，念法同学就是那正义之花，只要朝着正确的方向走下去，也是一定能够成功的。"直到现在，这句话还一直装在我的心里，它鼓励着我永远勇敢地向前奋进。

快乐的时光 ▼

我们村是 1988 年通电的，在那之前我们都不知道电是什么，更不知道电视机是什么，只是听比我大一点的哥哥姐姐说"共产主义就是楼上楼下，电灯电话""有了电，多方便，电的用途说不完"。那时，家里能扯上一根电线，可是儿时遥远的梦想。村里有了黑白电视机后，我们最爱看的就是《西游记》了，看电视对我们小孩子来说比过年都幸福。

我最喜欢的季节是夏天，因为可以去村北边的小河里洗澡。我和小伙伴们除了洗澡，还在河里摸鱼，更有趣的是给自己全身抹上泥，只露出一双黑乎乎的眼睛和洁白的牙齿，那份开心让我感觉自己就是世界的中心，那是我儿时最快乐的时光。

■ 我的爹娘 ▼

　　我的父亲子承父业，是一名乡村老师，但他绝对算不上严师，因为他对学生都很和善。退休后，说不上是桃李满天下，但也培养了不少优秀人才。可他最为遗憾的是，自己的儿子没有考上大学。这个遗憾看来是没法弥补了，不过好在儿子争气，走的是正道，干的是正事。我现在是一名教官，也算从事教育行业，这或许能给父亲带来一些安慰吧。

　　我的母亲在家里兄弟姐妹四人中排行老大，因为当时家里穷，母亲没有机会上学。母亲20岁时，姥姥因病半身不遂，常年卧床，此后家庭生活的重担就全部压在姥爷和母亲的身上。那时候母亲每天干完农活后，还要照顾年幼的弟弟和妹妹，常年下来造就了母亲那不怕苦、不怕累、爱操心的性格。从我记事开始，舅舅一直住在我家，母亲把舅舅看得比自己都重要，这也许就是人们常说的长姐如母吧。

2018年春节我和父母在老家合影

盖起了新砖房

以前我家住的土坯房容易返潮，透光性也不好。父母一合计，决定把平时从牙缝里省的钱拿出来，再向亲戚借点钱来造砖建房。当时找人刻砖，用的是木板制作的模具，一次只能刻制三块砖，刻完后把土砖倒在地上晒干，然后一块一块搬进砖窑，封窑点火。没有好的燃料，就只能用燃点不高的麦秆。烧好后的最后一道工序是洇砖，父母用扁担从河里挑水往砖上浇，浇了水的砖慢慢冷却后变成青砖，这就是我记忆中父母盖新房子的样子。

想住新房全靠自己盖，能自己干的就自己干，不会干的向别人学，实在不行才请匠人。就这样，我家最终建起了三间新砖房。

我出生的房屋

▮▼干农活

农民没有假期，天天都在劳作。"穷人家的孩子懂事早"，农村孩子从小就得帮家人做些力所能及的事情，特别是抢收抢种的"双抢"。之所以叫"抢"，是因为农时紧张，过了这个村就没有这个店了，错过种植和收割时节就会耽误一年的收成，会受到自然规律的惩罚。

时令就是农事的命令，到什么时候就干什么事，早不得，晚不得，乱不得。农村的孩子喜欢参军当兵，农民有顺天应时、服从安排的朴实秉性，这两者之间可能有一定关系。

收麦子是"双抢"的重头戏。收麦子的前奏是"打场"，最起码提前半个月就得着手。每到这时候，父母都会在自己家的地里腾出一块地方，用铁锹简单平整一下，再用石磙碾压，场地又平又硬后才能脱粒去壳。我当时年纪太小，只能脚跟脚地跟在大人后边，用洗脸盆从河里端来水，浇在干涸的场地上，当土地浸湿以后，压起来就省力多了。最后，就轮到家里养的老黄牛出场了，拉上石磙大显身手。

"人误地一时，地误人一年"。这就是农事，只有耕耘才能有收获，来不得半点虚头巴脑。

▮▼少年"打工仔"

少年时我有四次打工挣钱的经历，每每回忆起来，当时的场景都历历在目。

❖ 卖冰糕

最早干的是卖冰糕，这既是个体力活，又是个脑力活。虽说不是重活，但体力不行也干不了。我每次从批发点进货后，都会骑着单车一路狂奔，因为冰糕只有远离批发点才能卖上价格。那时候就盼着天气热点，气温越高卖得越快，生意好的话可以卖两箱，多赚一倍的钱。在学习课文《卖炭翁》时，我对"可怜身上衣正单，心忧炭贱愿天寒"理解得特别到位，那时亲身感到自己的冷热远没有客户需求重要。

说卖冰糕是脑力活，就是脑子得好使——要熟悉吆喝词，一进村就喊"冰糕冰糕，牛奶冰糕""卖冰糕的来了"，引起人们注意；见了小孩要喊"牛奶冰糕，又凉又甜真好吃"，馋得小孩流口水；见了大人就得介绍品种，还得会逗乐，"仨钱买的俩钱卖，不图赚钱只图快"；还得会算账懂营销，"两毛钱一根，五毛钱三根"，化冻的冰糕要打折才能卖出；更重要的是还要记路和时间，哪条路上什么时间人多，哪条路近，都要牢牢记在心里，最好是回来不空跑，往返都有得卖。那些道路到现在我都记得清清楚楚，有时还会在梦中走一走。

❖ 挖大蒜

第一次远足干活是到外地去挖大蒜。济宁金乡是大蒜之都，满地遍野都是蒜田。那时没有合适的交通工具，100多里路程只能靠骑单车。到达以后腰酸腿软屁股疼，饿得是头晕眼花，可也只能稍微填填肚子就要进入蒜田开始干活。

挖大蒜是高强度的苦力活：一是苦于直不起腰。蒜苗一般只有三四十厘米高，从上面一拔就断，所以只能蹲在地上挖，时间长了腰和腿都受不了。难怪当地民谣说"大蒜钱，不好拿，不是跪着就是爬。"二是苦于没法休息。不分大人小孩，每人一垄，各干各的，每天工作十几个小时，除了睡觉，其他活动全部在田间地头。三是苦于高温炎热。收蒜时正是最热的时候，气温经常高达30多度，田间没有一丝树荫，最怕的是连一丝风也没有。热浪滚滚，感觉随时都能把人扑倒。

第一天挖完蒜，我的右手心就磨出好几个血泡，当时只能咬牙坚持。挖了4天蒜，一共挣了95块钱，看着用自己的汗水辛苦挣来的钱，还激动了好一阵子呢。回到家，我把钱交给奶奶，心里那叫一个高兴呀，为能给家里挣钱，能为父母分担一些家庭负担而自豪。

❖ 拉砖

与卖冰糕、挖大蒜比，拉砖才算是吃大苦、耐大劳，也算是挣大钱的活，每天差不多能挣几十块。拉砖就是把烧制好的成品砖从砖窑运出，没有任何机械助力，完全靠人力。当时父亲利用假期的时间，也去那个砖厂拉过砖，至今我还记得他那时的样子：肩上套好绳，双手抬车把，大步往前走。两三趟下来，手脚都磨出了泡，肩上磨得是血肉模糊，特别是汗水流过，原本麻木的痛感又复苏了，简直是锥心之痛。"拉砖需要大力气，但不能强撑"，出门前家人这么说，砖场工头也这么说。有的人累出内伤，是终身也治不好的。一阵风裹挟着工地的沙尘迎面而来，除了汗水流过的盐花，全身上下都泥乎乎的，手上也满是灰土，连擦一下脸都是奢望。干上半个月，就能体会到什么叫作"汗水熬成汤，脚板磨成钢"了。

一天下午，就剩最后五车砖就可以收工了，也许是心里想着早点干完分了神，忽然右脚后跟被什么东西卡了一下，感觉热乎乎的，我回头一看，原来是车子的三角铁把脚跟腱卡出了一个三角口子，肉皮往外张开。因为当时医疗条件有限，我也没有医疗常识，就简单地找了块布包扎住，工头看到我的情况后说："你伤得这么厉害，还是回家去看看吧。"当时听到让回家，我心里那个难受，嘴上不停地恳求工头："我还可以继续干，没事的。"工头说："你看看都伤成这样了，就别干了，明天给你算下工钱。"第二天，工头给算了工钱，共 167 元，也许工头看我伤成这样，觉得可怜，最后给了我 200 元。拿到钱后，我骑着自行车回家，蹬车时右脚不敢用力，因为稍微一用力就感到那个钻心的痛呀！可是虽然痛，但是只要想起怀中的 200 元，就觉得一切辛苦都是值得的。

在以后的军旅和救援生涯中，每每遇到苦处，我都会想起少年时的苦活，就会觉得眼前的苦还是承受得了的。"卖冰糕、挖大蒜、拉砖不都是吃大苦，耐大劳吗？那个时候我都干得了，现在这还干不了吗？"自我激励一下，心里就淡然了。后来看过一句话："你吃的苦，终将照亮你人生的路。"总觉着讲的就是这个意思。

❖ 干装修

1998 年 9 月，我和张自社到菏泽找工作，找了两天没有找到，身上的几十块钱也快花完了，此时裤兜比脸都干净，我俩无助地躺在东关吴河一座小桥上，这时候肚子饥肠辘辘，心里想如果能有一碗面条多好呀！

突然，想起二中有个叫谢卫华的学长在花都商场工作，我们似乎找到了希望，这一点点希望是我们战胜饥饿的动力，就像看到一碗面条摆在眼前，驱使着我俩向他走去。

我们在花都商场找到了卫华学长，当晚学长带着我们去吃饭，一起吃饭的还有他的朋友武大鹏，是做楼房装修的。大致了解了我俩这两天的经历，知道我们在找工作，他说他那里正好需要人，于是我和张自社就跟着大鹏哥干起了楼房装修工作，主要任务是给室内穿电线。这工作需要用锤子和凿子把墙体凿开，由于业务不熟悉，经常一锤子下去就砸到了手，那叫一个钻心的疼，当时吃了不少苦，忍了不少疼。

▰▰ 我的从军路　　　　　　　　　　▼

就这么干了一段时间，有一天父亲找到了我，建议我去报名当兵，这个建议让我激动不已。儿时的梦想不就是穿上神圣的军装吗？此时，我的脑海里冒出了唐代诗人王昌龄的那首《从军行》——"青海长云暗雪山，孤城遥望玉门关。黄沙百战穿金甲，不破楼兰终不还。"也就在这时，开启了我的从军路。

经过村里报名、乡里筛选、县里体检、部队干部家访几个环节后，我终于拿到了《入伍录取通知书》。12 月 23 日下午，所有人员在定陶

1999年3月，我在中国人民解放军某部队

西关一个大院里集合，跟着大部队集中登上了开往北京军区的绿皮火车。我分配的部队位于塞北张家口，24日晚上8点多火车停靠在张家口站，部队的高厢车把我们带进一座大院，车刚停下就听到部队干部大喊："所有人员拿上个人物品，全部下车。面向我，排成四路集合。"

点完名后，一个老兵班长带着我们来到一座四层楼大门口，随队的还有一个一杠二星的干部。整队后，干部开始给我们讲话："欢迎各位新战友加入到我们中国人民解放军北京军区×部队，从现在起你们要一切行动服从命令、听指挥……"新兵三连共有三个排九个班，我被分到九班。我们班一共9个新兵，杨金宝、时越海、刘广林、张贵铭、张元甲、朱长征、杨世奎、吕磊和我，分别来自河南、黑龙江、湖北、河北、山东等五个省，其中杨金宝年纪最小。班长把我们领到宿舍，介绍说："我叫刘卫东，山西人。从今天开始，我就是你们的班长。"班长的个子虽然没有我高，但是比我壮实很多。

❖ 新兵训练

第二天一大早，我还在被子里睡觉，感觉到有人在摇我的床，"快点起来，集合。"这是步入军营的第一次早操，我们朦朦胧胧地穿上衣服，一路小跑，到楼前集合。出完操，回到宿舍开始叠被子，随后由值班班长带队，集体开饭。由于我们还没有集体学过军歌，值班班长便对我们大声说："咱们就唱小时候的歌，《学习雷锋好榜样》，预备唱！"于是，只听见五音不全的我们扯着嗓子高唱着："学习雷锋好榜样，忠于革命忠于党……"

到了饭堂，我们全体站好，听到班长说："坐"，便齐刷刷地坐下，也不敢动，等着班长说开饭才敢开吃。我们吃饭的时间只有 5 分钟，因为在战场，时间就是生命，我们必须用最快的时间吃更多的食物。

也顾不上别的，我们只知道拿起馒头往嘴里塞，噎得伸着脖子努力地往肚子里咽，几天下来吃饭的速度也就被训练出来了。

吃完早饭就开始了一天的训练，新兵连按照军事大纲训练规定要求，首先是三大步伐训练：起步、正步、跑步，其次是站军姿，最后是体能训练，这些都是作为一名军人所必须具备的基本能力。

❖ 出"公差"

最开心的就是周末可以给家里写信，告诉他们自己的训练和学习情况以及对家人的思念之情。有时我们还会出"公差"，这是我们新兵最愿意干的事。可是，有一回出"公差"让我这辈子都难以忘怀，因为那次的任务是掏厕所。

当时班长带着我和杨金宝、张元甲、刘广林、朱长征一行 6 人来到厕所旁，扑鼻而来的臭气差点让我们窒息，但是军人以服从命令为天职，我们只好硬着头皮往下做。我们先安排好分工，杨金宝负责把守厕所大门，防止有人进入，我和朱长征、刘广林负责把粪便掏到装粪便的小车上，张元甲负责推小车，谁要是累了就互相换一换。我们负责掏粪的三人拿着铁锹从厕所下边的外侧开始掏，鼻子一直被臭气熏着，到最后几乎麻木了，但大家都没有叫苦叫累，都在坚持着，就这样一车一车的，经过 3 个小时的努力，终于完成了任务。

正是这次掏厕所，让我们这些新兵懂得了作为一名人民子弟兵，就是要有不怕脏、不怕苦、不怕累的精神以及执行命令听指挥的坚忍不拔的毅力。

❖ 下连队

3 个月的新兵训练很快就要结束了，我们九班的战友也到了下连的日子。我们有的分到步兵营，有的分到农场，有的去山西基地学技术，而我被分到坦克三营八连，当时正值三营负责坦克车场岗哨执勤，我又被抽到卫兵队。我们卫兵队加上班长共 13 人，卫兵队班长来自内蒙古，叫任俊平，个子中等，身体素质特别好，他给我们讲了许多关于部队的光荣历史以及我们所担负的任务。班长负责排岗，我们这些新兵主要负责站岗，此外还要负责处理我们旅的饭堂垃圾，这些垃圾到了夏天会特别难闻，但是有了上次出"公差"的经历，这些对我来说都不算什么了。

我们站完岗之后，还要进行队列训练，对我来说最难的就是站军姿，每天都要机械地重复着头要正，颈要直，两眼目视前方，身体向前倾斜；其次就是练坐姿，一坐就是 20 多分钟，当时整个身体都僵了，站起来后身体的每个部位都发抖，简直是无法承受的痛苦，都是需要咬着牙坚持下来的。

就这样，一年的卫兵队生活很快过去了，1999 年 12 月又到了新兵下连队的日子。我们这批兵有的选择去学习坦克驾驶技术，而我被安排回老连队做坦克装填手（二炮蛋子）。2000 年经过全营筛选，我成为参加某军坦克比武的一员，我们的比赛任务是把被防坦克地雷炸毁的坦克履带连接好，我的工作是抡大锤。按照比武要求，每组参赛人员为 4 人，我们组的其他 3 个人技术都特别好，只有我是个新手，生怕自己拖后腿，所以在训练时特别卖力气，有时把胳膊都抡肿了，吃饭时连筷子都拿不起来，但是为了集体荣誉，我必须豁出去，只要练不死，就往死里练。

可还没等到参加某军比武，我却接到命令去某集团军报到，虽有遗憾，但通过这段时间的训练，我对坦克有了一定的了解，也学了很多坦克驾驶知识，比如三步蹬车、踏踏板、拉拉杆、活动活动变速杆等。

2000 年 9 月 27 日，因工作需要，我来到了北京军区 × 部队。到了团部军务股报到后，一位少尉排长把我带到营部，向营长刘金荣报到。营长见到我说："听说你在 × 军干得挺好的，身体素质也不错，要发挥特长，尽快适应一营的工作。"我回答道"是！"

2002 年 12 月，我在中国人民解放军某部队参加冬季拉练

我被分到了三连一班，班里一共 10 个人，刚才那位排长和我一个班，他叫韩斌，班长刘力健，还有潘波涛、侯保国、高开志、朱胜珍等。因为我们连队是大功三连，主要负责舟桥的搭设。

来到三连时正好赶上我们团的一级团考核，大家全副武装向指定地点出发，到达目的地后，按照预先号令，我们用随身携带的工兵锹挖掩体，完成各自的工作。

由于后勤炊事保障也是考核内容之一，为了尽快完成任务，当时特地安排炊事班张健点火。因为当时天气寒冷，直接用火点准备好的劈柴，点不着，他就把卫生纸缠在一根小木棍上，拿出打火机，把卫生纸点着。也不知道他从哪里弄了盆汽油，更不知道他是怎么想的，直接把点着的卫生纸放在汽油盆里，只见整盆汽油"呼"的一下着了。当时我们都在旁边，一看到着火，我急忙抓起脸盆往开阔地倒去，谁承想张健竟然鬼使神差地往我扔的方向爬，这家伙，火苗一下子蹿到他头上，瞬间他的头发就着了，我们赶快用毛巾帮他扑灭，再一瞧张健，眉毛也被烧了，脸上黑乎乎的。还好把险情消灭在萌芽阶段，也没有扩散，总算有惊无险，把一级团考核给通过了。

❖ 带兵

2001 年新兵下连了，我被连部任命为副班长，主要配合刘力健的工作。我们班分来了两位战友，我作为副班长，负责训练体能。

部队有句话："是龙你盘着，是虎你卧着，就是别刺头，一切行动做到服从命令、听从指挥，带兵一定要用情带兵。"可是有一位小兄弟挺聪明的，就是有点作风懒散。给他做思想工作时，我说："我有两句话要跟你说，首先，你父母把你送到部队主要就是让你好好干，咱们不是小孩子了，是不是？其次，你肯定能够干好，因为你挺聪明的。加油！"

❖ 杀猪风波

当时我们部队是连办伙，吃的不太好，我们连队都把吃剩下的泔水喂猪。一天，我们司务长曾杰找到我说："念法，咱们养的猪应该出圈了，你找几个兄弟去把猪杀了，给兄弟们改善改善伙食。"一听说要杀猪，我两眼冒绿光，"真杀呀？"曾杰说："杀呀。"虽然我在老家杀过鸡，但没有杀过猪。既然要杀，那就杀。我给我们班里赵小龙、唐杰、楚皂佩、岳林贵等几个人开会，"今天杀猪，我带几个人去猪圈，岳林贵到炊事班把水烧开。"

我们几个人推着小车到了连队的养猪场，一看十多头，因为我们营三个连的猪圈是连在一起的，这下犯难了——杀哪头猪呀？懵了。我让赵小龙去加油站给连里打电话问下曾杰，哪头是我们连的猪呀。

赵小龙一路小跑回来了，"王班长，司务长说了，杀那个大的。"既然要杀大的，那好说，就杀那头个大的。看到猪圈里有头个大的白猪正在睡觉，我说"去，把这头猪撵起来。"大家七手八脚地去轰它，这头猪哼哼着，慢悠悠地爬了起来。我站在猪圈墙台上拿着两米长的用钢筋窝好的钩子，找准时机，用钢钩直接钩住猪的喉咙，用力往外拉，猪只能顺着我的劲往外走，只听见这头猪嗷嗷直叫。我说："快点抓住腿！"兄弟几个拽的拽、抬的抬，把猪放到翻转的小推车上，两条车腿正好卡住这头猪，大家连忙按住它，猪预感到大限来临了，嗷嗷地嘶叫着。没办法，我说："快点给我刀"，唐杰递过刀来，我顺着猪的咽喉一刀直接刺进去，手在里边左右一拧，热乎乎的血顺着手流到准备好的盆子里。看着猪慢慢地没气了，当时我心里在想："如果要是在战场上，这头猪是我们的敌人，我们要想胜利，怎么办？就必须把敌人干倒！"顾不上想其他的，把小推车翻过来，把猪放在车斗里，快速拉到炊事班。连里用来炒菜的那口大黑锅冒出热气，看来水已经烧好了，我们用小刀把猪腿拉开一个小口，再用打气筒往里打气，因为这样刮猪毛就容易多了。兄弟们撸起袖子，那个美呀！

炊事班里几个战友催促道："处理好了吗？快点把猪肉下锅吧，兄弟们都等着吃呢！"

连长王完全说："咱们有好吃的东西一定要和一连、二连兄弟分享。等吃完饭，把猪肉分三份给其他连送去，让他们也改善下伙食。"

就在我们吃得正香的时候，只听见我们饭堂外边，二连司务长孙建军大喊："曾杰你给我出来！"大家面面相觑，不知道发生了什么，我赶紧放下盛猪肉的碗往外跑。

连长王完全、曾杰和我冲出去，"怎么了？"只见孙建军气得脸红脖子粗，扯着嗓门喊："你们怎么把我们连的猪给杀了？！"

哎呀，我嘞个娘呀，杀错了！王完全和曾杰不停地给孙建军赔礼道歉，我一看，还是先溜回去吧，因为猪是我杀的呀！

后来，我们连把我们养的猪赔给了二连。因为赔的猪没有杀的那头猪大，本来打算分享 20 斤，最后再加上 10 斤作为补偿。

❖ 运动会

部队的生活丰富多彩，战友们来自天南海北，为了一个共同的目标，默默奉献着我们的青春年华。

我们连长王完全特别重视体能训练，为此专门成立了训练小组，他任组长，徐群、邢二伟、盘兵、谭家红和我是组员。

当时可没有现在部队这么好的条件，体能训练就是跑步、俯卧撑；由于我们部队驻地地形特殊，有座后山，大家可以用来冲坡；还有在砂石地上踢足球，这也是锻炼身体素质的一项剧烈运动。没有球门，我们就把自己的衣服当作球门，有趣的是我们没经过专门训练，只要看到球就拼了命地追。

当时，正好我们团举行运动会，要报参赛项目，大伙一看我们连都行呀！无论是身体素质，还是项目技巧，我们都没问题呀！就拿 400米障碍赛来说，怎么用最短时间跑完全程，必须研究到秒——第一个100 米：百米冲刺到对面；第二个 100 米：通过五步桩—跃深坑—飞矮板—上高板凳—越高低台—上云梯—登独木桥—高板墙—钻铁丝网；第三个100米：跳低桩网—过高板墙—钻桥墩—过云梯—过高低台—钻矮板墙—下深坑（2米）—三步桩；最后100米：百米冲刺返回。跑这400米看起来只是上蹿下跳，其实这是最费体力的。

运动会结束，通过各项的分数汇总，我们连比其他一个营拿的分数都多：一个营拿到130多分，我们连拿到149分。通过运动会比赛，我们团兴起了体能训练热。

❖ 集团军比武

运动会结束后，接上级通知，我们要参加全集团军比武，我们营抽调一批骨干，负责工程机械、装炸药包、扫雷等。我们营长命令我主攻扫雷。

至今我仍清晰地记得，我们营20多人乘一辆大卡车到达王佐镇八一电影制片厂的拍摄场地。这是我第一次参加扫雷，扫的是防步兵地雷和反坦克地雷，在技术员的帮助下，我练得轻车熟路，用探雷器探雷时，一听声音就能判断出是什么地雷，因为不同的地雷发出的声音也是不同的，然后用白旗和红旗区分开，给后边排雷的同志提供更快速、准确的信息。

在这次集团军扫雷比武中，我取得了第三名的好成绩，被集团军通报表彰。后来陆续被评为四总部优秀士官三等奖，个人立过三等功，所在班被评为三等功班等。

❖ "走后门"小意外

在集训的一个休息日，我和刘劲松排长一起请了假要去王佐镇买生活用品。因为从军营大门到达王佐镇需要走很长时间，所以我们想走捷径就只有一个办法，那就是从军营后门走。

我和刘劲松到了后门一看，真不巧，大门锁上了，刘劲松问怎么办，我说："跳过去吧。"他看着能有3米高的大门说："行吗？"我说：

"没问题，我先来，我跳过去后你再跳。"我助跑，登到大门的中间位置，右手抓住大铁门的上沿，直接上挂左腿，然后立臂。因为门上有钢筋尖头，只能上去后，绕过钢筋，纵身跃下，整套动作很像在部队400米障碍的翻高板墙。我跳过去后，在门外等着刘劲松。他也和我一样，助跑—上臂—挂腿，当他上到门上后，一看有点高，心里直发慌，不敢跳。我在下边鼓励他"没事，跳吧。"他说："我还是慢点下去吧。"因为他的迷彩服袖子是挽起来的，正当他下的时候，钢筋直接插入衣服的袖口里，当时我没有注意，催他快点跳。这一跳不要紧，他被直接挂到了门上，我一看不对劲，赶忙跑过去，抱着他的腿往上推，折腾半天终于下来了。在下的过程中，他的右臂被钢筋划出了血痕，衣服也刮破了，我就用他的衣服把他的右臂包扎上。

在去的路上他有点懊恼地对我说："你看，这算什么事呀？""没事，不就是刮破点皮吗！"我指着右手上的疤痕说："你看我这右手，在团里训练一不小心打在钢筋上，一块肉直接被挖了下去，我去卫生队连麻药都没有打，硬是咬牙坚持缝完的。"在部队训练，伤疤也许是我们拼搏奋斗过的最好证明。

❖ 退役复员

从1998年参军起，在部队生活了8年时间，虽然时间漫长，但是直到现在，我仍时刻留恋部队的生活，因为部队是一个集体，是党和人民的军队，穿上军装我是祖国一个兵，脱下军装我是人民一个兵，要时刻发扬首战用我、用我必胜的精神！

2006年12月，又到了一年一度老兵退伍的日子了，我也将脱下心爱的军装，离别朝夕相处的战友和心爱的连队，满心不舍。团里通知我代表258名战友发言，这也许是我最后一次跟部队和战友说心里话了。

尊敬的各位首长、亲爱的战友们：

大家好！

非常荣幸，在我们背上行囊即将离开部队的时候，我能够代表全团退伍老兵，由衷地说说我们的心里话。

"铁打的营盘，流水的兵。"士兵退役返乡是部队一项例行性工作，也是部队建设的需要。作为一名退伍老兵，此时此刻我心潮澎湃，思绪万千。回首过去，在团党委的正确领导下，我们群策群力，团结一心，出色地完成了国际国内地震救援、"探索—2004"演习、"攻坚—2006"首都防空演习、15国地震救援演练、上海合作组织部长级会议灾害救援演练等重大任务，团队各项建设都取得了长足进步。更为荣幸的是最近我们团又担负了赴利比里亚维和的任务。在完成日常工作的同时，还担负了反恐维稳、战备值班和地震救援的重任，先后被集团军评为"全面建设标杆营"、军事训练一级单位、安全管理先进单位和"四五"普法先进集体。这些荣誉的取得，归功于团党委以人为本、和谐发展的理念，归功于各级领导立足长远、求真务实的工作作风，归功于全团官兵团结一心、勇争第一的奉献精神。作为一名战士，在这样一个和谐、奋进的环境中工作、学习和生活，既收获了智慧，也积攒了人生本钱，真是我们的福分。

在此，我代表258名退伍战士，向栽培我们多年的首长和支持我们的战友们真诚地说一声，谢谢你们！

雄关漫道真如铁，而今迈步从头越。今天，我们即将脱下这身心爱的军装，离开这个光荣的集体。告别生活了无数个日夜的"家"，真心不舍，真心怀念首长对我们的情和爱。虽然今后我们的路还很长，也许会面临更多的挑战，但我们绝不辜负各级首长和战友对我们的期望，一定会以崭新的精神面貌迎接新的挑战，用在部队练就的过硬作风和惊人毅力，迎接复杂多变、波澜壮阔的经济浪潮！我们相信，保持赤胆忠诚、钢铁意志、敢打必胜、永争第一的优良作风，在今后的人生长河中，我们一定能够乘风破浪，勇往直前！

老兵代表：王念法

二〇〇六年十二月四日

第二部分
我的救援路

接受职业培训与训练、与国际救援队广泛交流是成就
一名优秀救援队员"理论过硬、专业扎实、技术精湛"
基本职业素养的必备条件

▌加入救援队 ▼

2001 年初我们正在野营拉练，听说中国地震局要来我们部队考察，准备成立由中国地震局、中国人民解放军第三医学中心（原武警总医院）和我们部队组成的国家地震灾害紧急救援队，当时我的内心无比激动，因为终于要有国家层面的专业救援队了。

2001 年 4 月 27 日，国家地震灾害紧急救援队正式成立，我光荣地成为了一名国家队队员。中国地震局负责现场的结构、通信、保障，中国人民解放军第三医学中心（原武警总医院）负责现场医疗，我们部队负责现场搜救。国家地震灾害紧急救援队共计 222 人，主要任务是快速搜索和营救由于地震或其他灾害事故造成建筑物破坏而被压埋的人员。在授旗仪式上，时任国务院副总理的温家宝同志把一面写着"国家地震灾害紧急救援队"的队旗交给王杰同志，并提出具体要求，希望我们加强训练，力争一年内具备国内救援能力，两年内具备国际救援能力，瞄准国际一流水平建设队伍。这份责任和使命感由内而发，我暗暗发誓，要时刻"听党话"，始终保持"首战用我、用我必胜"的决心和信心。

❖ 作为救援队队员参加培训训练（2001—2006 年）

2001 年 4 月 27 日救援队成立后，救援队员每天在北京良乡救援临时基地开展救援训练，期间曾多次参加地震救援培训和演练。2002 年 4 月 24 日，参加中国地震局在河北三河举行的地震应急模拟演练；7 月 25 日，参加了在北京和唐山两地进行的首次远程空运演练；11 月 13 日，与上海消防特勤队联合参加地震灾害搜救模拟演练，两年内具备了国内、国际救援能力；2004 年赴荷兰进行救援教官培训。2006 年在河北石家庄参加由联合国人道主义事务协调办公室、中国地震局和河北省人民政府主办的 2006 年亚太地区多国地震演练，这是首次由我国承办的大型多国地震演练，俄罗斯、日本、美国等 17 支国际救援队 64 名代表及中国国家地震灾害紧急救援队、17 支省级地震救援队共 200 余人参加了演练；同年在北京参加了上合组织演练。

❖ 作为救援基地教官参加培训训练（2006 年至今）

2006 年 12 月 5 日，我脱下军装离开了部队，成为中国地震应急搜救中心国家地震紧急救援训练基地（以下简称"基地"）的一名教官。基地位于北京市海淀区苏家坨凤凰岭，占地 194 亩，由国家发展和改革委与北京市人民政府共同投资建设，主要承担国家地震灾害紧急救援队的培训和训练任务，同时还承担省级地震救援队骨干、地方政府地震应急管理人员和志愿者的培训。基地项目于 2005 年 11 月 26 日举行开工奠基仪式，2007 年 12 月 28 日进行项目预验收。在正式验收和

给社会力量示范破拆技巧

投入使用前,在基地开展了多期救援队培训,提高了救援队员的能力和水平。在 2008 年四川汶川地震救援中,国家地震灾害紧急救援队经过艰苦奋战,抢救出 49 名被埋压人员。基地建成后,来基地参加培训和参观的人员络绎不绝,已成为地震部门面向全国宣传防震减灾知识和面向国际开展交流的重要窗口。2009 年 4 月 21 日,联合国副秘书长约翰·霍尔姆斯专程参观基地后给予高度评价:"基地崭新、恢宏的培训设施将为整个国际救援界设定一个新的标准。今后在中国和世界其他地方的灾害救援行动中,毫无疑问,基地将为生命的救援发挥重要的作用。"

2018 年 3 月 22 日,应急管理部成立,负责指导安全生产类、自然灾害类应急救援,承担国家应对特别重大灾害指挥部工作。指导火灾、水旱灾害、地质灾害等防治。6 月 19 日,国务院印发《关于中国地震局等机构设置的通知》,中国地震局由国务院原直属事业单位改为应急管理部管理事业单位。8 月 21 日,中央编办印发《关于中国地震应急搜救中心划转的批复》,将应急搜救中心划转应急管理部管理。之后,基地作为应急管理部的对外窗口,时刻把讲政治、守纪律放在首位,坚决贯彻落实党中央指示精神和习近平总书记关于应急管理工作重要论述,采取一系列措施推进落实应急管理部党委新时代"全灾种、大应急"的工作部署。一是调整培训工作重心,在注重专业救援培训的同时,组织多期地方政府应急管理培训班,提升地方地震风险管理和应急准备能力;二是通过加强基地教官再学习再培训,积极推进地震灾害应急救援培训向地震及次生、衍生灾害应急救援培训转变,努力提升国家地震灾害紧急救援队综合救灾能力;三是充分发挥基地面向社会的宣传、教育、培训、引导功能,为全面提升全社会抵御自然灾害的综合防御能力贡献力量。基地为社会提供 20 多项科普体验产品,年接待社会参观体验近 10000 人次,培训社会志愿者等队伍 2000 人次。

作为救援培训教官,我多次参加国内、国外地震救援训练、培训工作,承担大量的培训业务工作,在抢救被地震压埋人员生命的同时,还积累了许多珍贵的现场救援经验,为教学培训奠定了坚实的基础。

❖ 基地救援培训成果

基地坚持"历练内功、服务社会、打造品牌、争创一流"的工作方针，已初步建设成为"地震救援的训练基地、应急管理的演练基地、服务社会的教育基地、面向国际的交流基地"四位一体的特色基地，为推动我国地震救援队伍的能力建设发挥了重要基础作用，为全国同类基地的建设和管理提供了示范，并产生了广泛的国际影响。

◆ 对标国际先进救援理念和技术，引领地震救援事业。基地的建设致力于提高国家专业地震应急搜救业务水平，创立之初瞄准国际先进救援理念、管理思想和技术水平，学习借鉴、消化吸收国际公认的、通行的联合国救援组织（UNRO）和领域内先进的国家行业原则和理论技术，结合国家地震灾害实践总结，逐步形成基地救援培训的核心原则、理论体系和技术模块。经过多年历练的教官团队及其基地，已逐步走向国际，为地震系统深度参与国际人道主义事务、开展救援外交提供了有力的支撑。

◆ 结合国家安全战略和综合减灾需要，逐步构建国内领先的地震应急救援培训体系和培训模式。根据联合国借鉴国外相关培训基地和机构的经验和做法，经过 10 年的努力，教官团队及其基地已经构建了培训对象从专业救援队员到社区志愿者，培训方式从救援理论教学到现场实际操作，培训教材从初级到高级的分类分级培训体系。培训标准和教材也日趋完善。

在地震救援培训方面，出台了《地震灾害紧急救援队伍建设规范》《地震灾害现场救援行动规范》。编制了与我国救援队伍建设发展要求相适应的《国家地震紧急救援训练基地训练与考核大纲》，出版了集理论、方法和技术于一体，适合地震应急救援培训的专业教材《地震应急救援培训的组织与管理》，并编制了一套培训讲义《地震救援培训教材（内部资料）》和《常用地震救援装备操作指南》。按照应急救援司要求编制完成了《中国地震专业救援队（重型）能力分级测评教材（上、下册）》等一系列相关规范和教材。这些标准和规范已成为我国地震救援的标准教科书，在各基地得到普遍应用。

在地震应急管理干部培训方面，根据政府应急管理干部培训的实际需求，编辑出版了《突发公共事件的应急指挥与协调》，研制出一套地震应急处置虚拟仿真训练软件及应用系统，并编制出版了配套教材《虚拟仿真技术在地震应急救援中的应用》。2017 年，我们研发了具有自主知识产权的地震应急演练终端（一套全新的系统），在国家行政学院及江苏、河北、浙江等地得到推广和应用，为各级政府应急管理干部培训提供了一种独具特色的培训形式和预案推演方法。

在社区志愿者培训方面，编制了一套《城市社区地震应急志愿者救援培训教材》《第一响应人培训指南》《社区志愿者地震应急与救援》《家庭应急手册》《地震》等培训教材，广泛开展了社区志愿者和第一响应人培训。

◆ 扩大国家基地品牌影响力，充分发挥其主导和引领作用。基地已成为国内应急救援培训的"黄埔军校"。在做好国家地震灾害紧急救援队培训主业的同时，积极拓展服务范围，培训对象涵盖全国各级各类救援队伍和省、市、县政府应急管理干部及志愿者队伍。到目前为止，基地举办各类培训班 372 期、近 22000 人次。基地的学员遍及全国 32 个省、自治区、直辖市及港、澳 2 个特别行政区，340 多个地级市、2300 多个县级市。这些学员已成长为各级各类救援队的技术骨干，一部分已成长为各行业训练基地的专职教官，为国家各类应急救援队伍能力建设发挥了重要支撑作用。基地还在其他国家级基地建设中起到重要的引领作用，参与了地震系统的兰州基地、四川基地、浙江基地、山东基地、新疆喀什国际救援训练基地和武警辽宁基地、武警内蒙古区域训练基地、新疆消防训练基地建设项目的论证和可研报告的编制，为项目提供智力支持。

　　基地教官们在国家救援队中发挥了核心骨干作用。基地教官已成为国家地震救援队现场救援的专家骨干团队，是解决现场艰难险重任务的尖兵。基地教官不仅是培训员也是战斗员，2008 年以来，基地先后派遣教官 49 人次参与了 7 次国内救援和 5 次国际救援行动，成功营救出 64 名幸存者，在历次地震现场救援中发挥了核心骨干作用。

　　基地在国内救援队伍建设标准化方面发挥示范主导作用。按实战标准和国际考核要求，圆满组织完成了中国国际救援队国际重型救援队测评和复测任务。目前甘肃、福建已分别有一支队伍通过中国地震专业救援队重型队测评，未来将不断推进专业救援队伍和志愿者队伍的分级分类测评。2019 年 11 月，中国国际救援队和中国救援队在基地

组织学员训练

通过全过程的培训，顺利通过联合国救援组织（INSARAG）的国际重型救援队测评（IEC），我国成为全球同时拥有两支国际重型救援队的国家。

◆ 积极服务国家"一带一路"倡议，充分发挥基地在亚太地区具有重要影响力的作用。基地成立以来，与20多个国家4000余人次开展了地震应急救援合作，并致力于加强"一带一路"沿线各国的救援技能和经验的分享，区域间救援资源的协调和联动能力的提升，以及区域防灾救灾体系的建立。在INSARAG标准框架下，基地与瑞士、德国、新加坡、日本、荷兰及联合国人道机构在搜救培训、队伍能力建设方面开展了广泛的国际合作，举办多期国际研讨会、援外培训班和联合演练，外籍学员遍及全球200多个国家和地区（其中：亚洲48个、欧洲38个、非洲53个、大洋洲24个、南美洲12个、北美洲30个），不仅成为我国地震应急救援对外交流的窗口，也成为国际特别是亚太地区城市搜索与救援的一支重要培训力量。

◆ 理论研究和科技创新成果显著，进一步增强了基地发展的后劲。基地教官认真研读国内外相关文献、教材和资料，总结培训教学中的经验和做法，不断探索改革培训的方式方法，注重在救援培训理论上的创新与思考，发表了搜索、营救、医疗技术和规范化训练等方面的论文110多篇，编制出版专著、培训教材和科普读物11部，主持并参与编制地震救援队伍建设、搜救程序与方法国标和行标5项，主持完成国家科技支撑项目2项、课题2项，地震行业基金专项1项，中心青年基金12项。这些著作和论文、标准和项目较为系统地介绍了地震应急救援培训的基础理论、基本技能、课程设置要求、训练设施的建设、培训的组织与管理及培训的考核与认证等方面的内容，规范了地震应急救援基地培训的内容和方法，其成果在国内培训中得到广泛的应用，巩固了国家训练基地的地位。

今后，基地将进一步谋划推进现代化建设的具体思路、任务和举措。大力推进基地改革。一是落实"两个坚持、三个转变"要求，逐步建立综合灾害培训体系；二是推进教学培训体系改革，进一步聚集高端培训和面向基层的引导服务；三是解决基地管理体制机制问题，实施基地机构整合，健全人员激励机制，激发内生发展动力。大力推进开放合作。加强与国际知名培训机构和国内高校的合作，开展多种形式的联合办学、联合培训，提升基地培训能力和国际化水平。充分发挥国家基地主阵地的引领作用，加强与系统内及消防、武警等基地的合作，牵头建立全国巨灾救援训练基地联盟。进一步提升培训标准化、信息化水平。积极做好地震救援基地建设、专业人员培训、志愿者队伍培训等标准、规范制订工作。积极推进基地二期建设，拓展地震次生灾害培训功能。加强培训信息管理系统建设，建立受训人员信息库，以此为基础组建专业志愿者队伍。建立基地线上培训平台、公众的科普知识推广平台等。

进一步发挥基地服务"一带一路"的作用。积极服务国家整体外交，为"一带一路"沿线国家开展地震应急救援国际培训、应急救援体系建设和训练基础设施建设予以智力支持和技术援助。凝心聚力、改革创新，扎实推进应急救援事业现代化建设，坚决完成好各项任务，为新时代我国应急救援事业的发展做出新的贡献。

培训案例之一

参加日本东京消防学校第 50 期特别高级救助队培训

2010 年 8 月 29 日，我和卢杰代表国家地震紧急救援训练基地，赴日本东京参加为期 42 天的东京消防学校第 50 期特别高级救助队培训。这次培训时间长、任务重，中国地震局和搜救中心领导高度重视，对培训提出了明确要求，在各级领导的全程指挥、大力支持下，我和卢杰不负众望，取得了超出预期的成绩。

根据培训要求，我个人对这次培训进行了目标定位：除了完成组织交付的训练任务外，还要瞄准学为用、练为战，重点学习切实管用的知识和技能，使个人实战能力提升一个层次，争取让今后的培训工作上个台阶。作为一名年轻的救援基地教官，虽然在救援、培训和实地操作技术方面取得了一些经验，但是在教学方面还有一定的不足。通过此次培训，自己要看到优势，更要找准不足，积累经验。其实，能力培训就像种树，再贫瘠的土地、再艰苦的条件，只要播下种子就能发芽生长。我坚信，只有心中种下了小目标，行动就会更有方向。

8月29日10点，我们离开北京首都国际机场，13点抵达日本东京，开启了这次特殊的培训。与以前针对救援队员的培训不同，这次是专为教官培训，所以培训课目相对更系统、更全面、更专业，也更枯燥。

在东京消防学校整体指导下，由若干教官负责具体的培训任务。到校伊始，我们按照单位和个人实际提出了培训内容需求，主要从基地教官的实际出发，区分准备阶段、实施阶段以及评估阶段，把培训需求逐项拉单列表，同时还建议把三个阶段有效结合起来并贯穿到具体培训工作中。日方教官非常重视我们的培训需求，在课程安排上给予了调整和体现。让我印象最深的是日方教官对学员培训所坚持的原则性和规范性，有时甚至到了刻板的程度。但是不得不说，正是他们严格中不失人性化的教学态度给我留下了极深刻的记忆。

◎自我介绍。第一堂课用了很长时间来做自我介绍，后来每次有新学员加入也都要做。教官对自我介绍非常重视，因为这是大家相互了解的重要渠道。

◎准时。做任何事情都必须准时，教官更是以身作则。无论要求几点开始训练，教官都是第一个到达训练场，学员也要在规定的时间前到达。这除了与其国民性格有关，还蕴含着将尊重内化于心，外化于行的价值理念。无论教官还是学员，人人都必须尊重培训，任何人都没有特权。这给培训赋予了一定的精神仪式感。

◎保障。培训基地和组训教官为学员的学习及生活等各方面的保障提供了充分的支持，为培训创造了紧张而又舒心的培训环境。在言谈话语之中，教官们会流露出"吃最大的苦，理所应当享受最好的待遇"的共识。同时，日方救援理论认为，体能恢复是救援能力的重要组成，必须为体能又快又好的恢复创造条件。

◎总体安排。在理论课上，教官先把培训体系和总体安排完整地讲述一遍。每次培训，教官先回顾一下之前的内容，然后告诉学员今天的训练内容，明确当天课程在总体安排中居于什么位置，还会告诉我们明天训练什么，用最直观、最直接的手段帮助学员建立学习体系。

同时，教官还把学员在训练过程中可能出现的情况予以说明，结合当天培训工作的程序，不断强化直观印象。这种培训方法也被我们基地的后续训练所借鉴。

◎反馈沟通。每天训练结束后，教官都会主动和学员沟通，听取学员对上课内容的反馈。阶段性学习结束后，教官会对教学内容和效果进行认真总结，对教学方案做进一步细化。我们之间的沟通很频繁，令人印象深刻的是无论课上还是课下，教官都很注意自身行为，谈吐

小组合影

有方、身姿挺拔、手势专业，言谈举止都很有"范儿"，始终把最好的精神面貌呈现给学员们。

◎严格。教官在严于律己的同时，对学员的要求也是同样的严格。我们的课程必须全部按照学习计划进行，不得有丝毫调整。学习计划的刚性要求非常明确，一旦确定下来，训教双方都必须严格遵守，没有例外。

◎备课。教官在每一堂课前都要充分准备，既要根据上课的内容去准备，又要考虑到学员的个性差异，因材施教。为了达到学员们的期望值，本着有备无患的原则，教官还要为学员的课堂选择准备多个应对预案。

◎互动。充分调动学员，全员参与互动。教官通过这种方式及时了解学员们的真实想法，以便调整教学方法和思路，这也是反馈的组成部分。同时，通过良性互动，进一步激励学员们的学习积极性和主动性。

超负荷的体能训练

我们充分利用训练和休息的时间针对在培训中遇到的问题与日方教官进行探讨。令我佩服的是，在学员比较多时，教官总能发挥主观能动性，把调动学员积极性和保持课堂秩序结合得非常好。日方教官的身上还有许多值得我们学习的优点，这些都是作为一名优秀的教官应具备的素质。

这次培训时间长，内容丰富，收获大，结合我们基地的实际情况，我主要有以下感受：

◎要有高度的责任感和事业心。对工作高度负责，凡事追求卓越，努力达到极致。在课程培训上，既要精心设计、统筹考虑，又要逐个环节精心打磨，让课程的每个细节都经得起反复推敲，让讲述的每个观点都经得起多方质疑。业务进步无止境，要多在自己脑海里"翻几次烧饼"，彻底搞清楚"为什么"背后的"为什么"。

◎救援知识面要广。救援现场情况复杂，所需的救援知识非常庞杂，没有一个人能掌握全部救援知识。但在救援现场，"知识就是力量"，多掌握一些知识就多一分胜算，少一分危险。

◎认真备课。部队有句话："宁可备而无用，不可用而无备。"要克服准备太多用不上的顾虑。尽管一堂课容量有限，但组训方式和内容安排却有多种选择。只有具备了"想怎么训就怎么训"的业务素质，才能达到"该怎么训就怎么训"的培训目标。

◎关心学员，一视同仁。除了分工不同，教官与学员一律平等。教官不仅在生活上关心体贴，还特别注意听取学员建议。我真切地体会到只有平等交流才能听到真正的声音，才能实现教学相长。俯视的目光永远看不到自己的问题，也很难发现学员的优点和创造力。

◎要有较强的表达能力。这次培训让我感触最深的是：光学英语是不够的！救援交流还要掌握国际标准的手势语言，同时要善于运用身体语言，因为有些事靠翻译做不到，但相互之间比划一下就明白了。还有一点很关键：要充分考虑对方现有的知识基础及双方已具备的共识，共通的问题不说或少说，用简短的语言表达出准确且尽可能丰富的意思。

◎要有很强的沟通能力。教官要注重与队员沟通，尽快拧成一股绳，形成团队学习、团队提高的良好势头。现代应急救援讲究的是大体系下的联合作战，需要激发出团队的聚变反应；即便是现代应急救援中的单兵作战也是分工协作，而非各自为战。如果教官沟通能力不行，自己教不好，学员也学不好。

◎要有训练的控制力。要学会着眼重点的目标管理，更要注重进度和过程管理。在每次培训中，要设置几个进程或者关键点，既掌握进度又把握质量，确保进度服从质量。在多数学员不明白的地方，要考虑加点力度，加点内容，加点时间，有时要"急火猛煮"，有时要"文火细炖"。总之，只有通过综合调控才能把培训做好。

◎要有较强的评估能力。准确的评估能力是训练控制力发挥作用的前提。最重要的是随时评估，通过学员的眼神、表情和肢体语言就能掌握学员的理解情况，同时还不影响自己正常施训。专门评估费时费力，成本太高，影响训练。但关键内容需设专门的评估，比如设个专门科目评估训练成果。

◎要有很强的板书能力。重点不是写字，而是画图。既用一幅图把关键要素之间的关系全部标出来，或者把受力的先后关系列出来，然后围绕着板书来讲解，自己讲得方便，学员也好理解、容易记，可以起到事半功倍的效果。需要说明的是，在现场救援中也需要这种能力，能画图表示就不要说话，虽然简单粗暴却非常有效。

◎要激发学员的团队协作能力。这就要处理好集中与分散的关系，激发出学员的内在活力，真正参与到团队协作中来。学员的积极性是伪装不出来的，只有发自内心的喜欢才能全身心地投入。

◎要有很好的身体素质。既要强，有充足的力量和体能，又要健，有良好的适应环境能力。身体是革命的本钱，也是救援的本钱。身体素质不行，不但不能救援，还可能成为拖累。

◎充分利用各种训练设备。用好训练设备既可以节约时间，提高效率，准确表达，又可以帮助学员把握内在关系，增进理解，增强直接感受，确立肌肉记忆和逻辑记忆。"君子善假于物也"，教官应善于

1 小时的体能训练完毕

运用辅助设备，必要时开发一些亟需的教学器材。

◎要有组织和协调能力。组织和协调能力是一体的：组织能力是硬的，有其原则性，该执行的执行，该落实的落实，是负责搭建大框架的；协调能力是软的，有其弹性和韧性，必要时还要根据培训目标进行调整，向学员和现状妥协。

◎要有创新意识。创新需要新的思维方式，需要有眼界。其实创新不复杂，同一个问题可以有很多解决方法，只要大家开动脑筋，经过头脑风暴，尽力把这些方法都找到，研究出各种应对策略，就可以从中找出最简捷高效的方法。创新最怕懒，不愿意多动脑就实现不了创新。

在这次培训中，我们经常利用休息时间对日方的训练理念、训练方法进行研究，总结出很多值得我们学习的优点。结合在日本东京消防学校所学到的培训知识，今后我们在日常训练时，遇到问题都应该积极地出主意、想办法，大家群策群力，为提高基地教官的教学水平做出自己的一份努力。

我有意识地将自己由技术操作手向基地教官转换，由技能操作向救援授课转换。这次培训，拓宽了我的视野，帮我进一步理顺了思路，让我对于一名基地教官应该用什么授课方式才能让课程更生动形象，以及将哪些内容传授给学员才更有助于把地震及其他自然灾害救援加入实战应用，也有了基本的把握。

演练案例之一

参加新加坡 2014 城市精英赛

在 IER 复测顺利通过后，为了对地震救援培训有针对性地强化学习和训练，2014 年 9 月 8—14 日，以局震灾应急救援司综合处白春华同志为队长，搜救中心胡杰、何红卫和我为队员，组成中国国际救援队代表团，赴新加坡参加了 INSARAG 城市精英大赛救援行动演练。

9 月 8 日凌晨 0 点 05 分，代表团离开北京首都国际机场，于 6 点 30 分抵达新加坡昌义机场。当天我们不顾旅途疲劳，结合了解到的情况，进一步统一了思想，做好演练工作前的各项准备。

9 日上午，新加坡主办方官员对此次活动的有关情况进行了介绍，布置有关的准备工作，拍摄集体照。下午各救援队代表对本次演练的使用装备进行了准备。

10 日 13 点，演练活动在烈日高温的天气下拉开了帷幕。在新加坡主办方的整体导调下，我们按照 INSARAG 中提出的救援行动程序，从发生震灾后的救援队通知、准备阶段、启动阶段、行动阶段、撤离阶段，在现场一一进行推演，把书面知识落实到一步步的具体行动中，并对各种可能出现的情况进行预估，由各个救援队进行现场协调和解决。

演练一直持续到 11 日 11 点 30 分才宣告结束。在实操演练过程中，中国地震局修济刚副局长亲临一线指导，经过我们 4 名同志的共同努力，演练活动取得了圆满成功，第一次在国际舞台上的实操竞赛中取得了快速破拆第一名、安全破拆第二名的好成绩，展示了中国国际救援队的精神风貌，在国际救援大舞台上展示了良好的中国形象，得到了新加坡主办方和参演队伍的一致赞扬和高度评价。

演练结束后，修济刚提出要通过此次演练，借鉴新加坡民防学院的成功经验，结合当前我国地震紧急救援训练基地的实际情况，思考：①新加坡民防学院教学管理的模式；②废墟搭建和运用的功能；③装备的更新情况。

下午各国救援队进行了休整。

12 日上午，新加坡民防学院组织各国救援队观看新加坡全球消防队员和救援队锦标赛勇敢之心预赛。

快速破拆，打通营救通道，救出被困者

　　13 日由新加坡民防学院组织，联合国官员和各国救援队参与，对演练实操情况进行了分享，我受托代表中国救援队对实操的细节进行了讲解。令人欣喜的是，在快速破拆过程中，中国国际救援队为各国救援队起到了一个借鉴学习的样板作用。

　　14 日 9 点 30 分，我们乘国航 CA976 航班离开新加坡，于 15 点 30 分顺利抵达北京首都机场。

　　在这次竞赛中，共有 18 个国家和地区参与了行动。我们充分利用这次机会和各代表队进行交流，了解到了许多国家救援队的救援工作和训练情况，特别是同新加坡民防学院交流比较多，他们的训练器材、训练场地、训练方法和训练理念有许多是值得我们借鉴的，尤其是他们的地下管道搜救等，为我们今后的培训提供了有力的参考。

何红卫（左二）、我（左三）、白春华（右三）和胡杰（右二）快速破拆比赛完毕，与新加坡工作人员合影

在几天紧张而又短暂的演练活动中，我们全身心地投入到各项竞赛中，"把假的当真的做"，力求把各项工作做好、做扎实。在实际操作中，收获许多。整个活动中，我们4名同志一直保持统一的行动，不论在什么场合，我们都做到了"慎独"，时刻注意自身形象，严格自我约束，得到了新加坡主办方和各个代表队的一致好评。我想这不只是因为这种统一所表现出的整体美，更体现出了一个集体的团队精神——这对于一个救援队来说是必不可少的。在平时的工作中，我们既要做到自我严格要求，更要在日常的培训工作中，做到口径统一，步调一致，形成整体的集体救援能力。

作为培训教官和救援队伍的一员，我们虽然已经积累了许多培训和实战经验，但真正在国际舞台上能够处于什么位置，与他国存在哪些差距，我们并不清楚。通过这次竞赛，我看到了我们这支队伍的优势——正如在每次培训和实际救援过程中，我们有科学的救援理念和训练方法，有现代化的救援装备，有救援技术高、身体素质好的救援队员，有在多年的抗震减灾工作中积累的丰富经验……这些宝贵的财富使我们能够在演练中应付自如。相信在未来的培训和实战中，我们一定能够高标准地圆满完成各项任务。

参加十八大盛会

作为地震系统的一名基层党员代表，肩负着地震系统党员的重托，能参加中国共产党第十八次全国代表大会，我深感使命光荣，责任重大。行使好代表权力，履行好党员职责，是地震系统基层党员对我的殷切期望。

2012年11月8日上午9时，我跟随中央国家机关代表团参加了中国共产党第十八次全国代表大会。在这场盛会中，我亲耳聆听了胡锦涛总书记振奋人心的讲话，感受到了科学发展的速度，民富国强的喜悦和中国崛起的决心，也懂得了在面对世情、国情、党情发生深刻变化的今天，走封闭僵化的老路，是一条死路；走改旗易帜的邪路，也是死路一条。只有坚定不移地坚持中国共产党的领导，走中国特色社会主义发展道路，中国才有希望，人民才有希望。

2012年是实施"十二五"规划承上启下的重要一年，在全面建设小康社会的关键时刻和深化改革开放、加快转变经济发展方式的攻坚时期，党的十八大将对党和国家各项事业作出全面部署，进一步明确今后一个时期的发展目标和宏伟蓝图。在这样的大背景下，十八大必将推进我国经济社会发展，指引着我们每一位共产党员的奋斗方向。

中国共产党建党90多年，中华人民共和国成立60多年，改革开放30多年，特别是党的十六大、十七大以来这10年的蓬勃发展，我国在改革开放、经济建设、社会建设、文化教育事业、科技进步等方面取得了举世瞩目的成就。回想起当年胡锦涛总书记在报告中提到"加强防灾减灾体系建设，提高气象、地质、地震灾害防御能力"，作为一名地震系统代表，我深深感受到这10年对于我们地震系统的干部职工也是不平凡的10年，因为每一次地震发生，我们防震减灾体系都经受住了重大的考验。

以人为本，生命至上。人没了，发展就没有意义，发展就不可能持续。在社会心态方面，人们对待生命，对待自我的安全意识也有较大提高，特别是汶川8.0级特大地震发生后，党中央、国务院要求各级政府、各个部门要深刻吸取教训，将保护好人民生命财产安全作为各级政府部门的重要工作任务。

步入21世纪，全球乃至我国自然灾害频发，特别是党的十六大以来，解决好安全问题已经成为党和国家践行科学发展观、构建社会主义和谐社会的重要任务。安全保障，责任制度是灵魂，法制是基础。事前预防，事后救援，我们建成了比较完善的应急救援预案体系。11年来，安全形势有了可喜的变化，学校及其住宅的加固，普通群众及青少年自救互救意识的不断增强，都离不开科学发展观的指导和教育理论的创新。

　　防震减灾工作，投入是保障。党的十六大以来，在党中央、国务院的坚强领导下，2001年4月27日，国家地震灾害紧急救援队（中国国际救援队）在京成立；2004年10月，中国地震应急搜救中心成立；2008年7月，国家地震紧急救援训练基地进行四方验收并投入使用。我作为地震系统工作者，是国家地震灾害紧急救援队、国家地震紧急救援训练基地建设和发展的见证者、参与者和亲历者。防震减灾工作从无到有、从小到大、从弱到强，每一项成绩的取得都归功于科学发展观的引领和中国地震局党组的坚强领导。

　　有一种力量可以凝聚人心，那就是中国共产党的领导。10年来，每一次大的自然灾害来临后，党和国家领导人都第一时间出现在灾区

作为基层党员代表，投上神圣的一票

人民群众面前。他们的到来，凝心聚力，鼓舞士气，增强了灾区人民战胜困难的勇气和决心。多难兴邦，从非典疫情到大范围的洪涝灾害，从低温雨雪冰冻灾害到汶川特大地震，都谱写了伟大的抗震救灾精神。灾情就是命令，第一时间启动地震应急预案，第一时间调集救援力量，第一时间发布地震信息，党中央带领全国各族人民，谱写了一首首气吞山河的壮丽诗篇。

十八大报告中，"人民"出现145次，"群众"出现38次，始终贯穿着我们党以人为本的执政理念。只要我们永远心系人民，我们的事业就将无往不胜。

十八大会议召开期间，作为地震系统一线党员代表，我时刻做到讲政治、顾大局、树形象、立标杆。当时我立下目标：作为一名在基层工作的普通党员，在今后的工作中，我要更加严格要求自己，时时刻刻不忘创先争优，努力争创一流，主动思考，不断创新工作方法，时刻保持不断进取的学习态度，带头学习贯彻好党的十八大精神，在工作中学习，在训练中学习，在实践中学习，将学习作为一种良好的生活习惯，不断提升自己的认知能力和认知水平，不断提高自己的综合文化素质和应对各种复杂情况的能力。灾难随时都可能发生，只有通过不断学习和训练才能做到与时俱进，才能掌握最新的救援技能和最有效的方法，才能在防震减灾岗位上创造出新的成绩。

今后，我会以更加饱满的热情投入到防震减灾工作中去，时刻保持谦虚谨慎、勤奋刻苦的工作作风，保持认真钻研的工作方法，立足本职，埋头苦干，保持年轻党员的活力，不断进取。

在党中央的坚强领导下，在中国地震局党组的带领下，我回到本职岗位后，将坚决把十八大精神学习好、传达好、贯彻好、落实好。作为一名基层党员永远做到听党话，跟党走，永远做党和人民的地震安全忠诚卫士，为我国的防震减灾事业做出更大的贡献。

2019年在国新办，作为应急管理部基层代表答中外记者问

■■■作为应急管理部基层代表答中外记者问 ▼

2019年，我作为应急管理部基层代表，在中华人民共和国国务院新闻办公室参加中外媒体记者会。以下是当时一些记者提出的问题及我的回答。

1. 问："不忘初心、牢记使命"，作为一名多年参与地震救援的英雄，您在救援现场是如何用实际行动来诠释初心与使命的？

 答："我是党员我先上"，不是光靠嘴巴去说的，而是要用自己的实际行动去证明。党员是有责任的，我的责任就是在最危险的时候，我都要先上。我的这种工作态度与母亲的教育是分不开的，从军的时候她就告诉我，一定要好好干，一定要早点入党，要做一个好人，干好事。

 在救援现场，我说的最多的一句话就是："跟我来！跟我上！"这句话能让同行的队友们吃下定心丸。我不是什么英雄，要说英雄，我们中国人是英雄！你看，这么多的灾难，都没将咱们中国人击垮。

2. 问：这么多次国内外救援，您记忆中印象最深的有哪几次？

 答：其实每次救援，我的印象都非常深刻，因为那是生与死的较量。要说印象最深的还是 2008 年汶川地震救援和 2003 年阿尔及利亚地震国际救援。

 2008 年四川汶川地震，我们搜救队救出了"可乐男孩"薛枭、"阳光女孩"马小凤、"手机女孩"卿静文等 49 名幸存者，我个人救出 13 名幸存者。之前有人曾问过我为什么对把人救出来的时间记得那么清楚，以至于现在都没有忘记。因为在我心里，这些幸存者可以说与我是生死之交。

 2003 年阿尔及利亚地震国际救援是我们中国国际救援队首次走出国门。参与救援的 38 支国际救援队伍当中，只有中国和法国两个国家的救援队伍救出了幸存者。而在 38 个国家当中，只有中国和印度是发展中国家，当时我的民族自豪感、国家荣誉感油然而生。在这次救援行动当中，中国国际救援队首次在国际舞台上亮相便成功搜救出 1 名幸存者，这是综合国力的比拼，是科学救援及救援力量的完美展示。

3. **问**：听说您写过三份遗书，都是在哪次救援中写的？您为什么会想起写遗书？

   答：一份是在 2008 年四川汶川地震救援时写的，一份是在 2013 年芦山地震救援时写的，另一份是在 2015 年尼泊尔地震救援时写的。在救援现场，根本不知道会发生什么情况，突如其来的余震说不定就会要了我的命。所以，在那种环境和情绪当中，只有通过遗书才能表达出我想对亲人说的话。在遗书上，我最想表达的就是自己对家人的爱，一定要让孩子明白爸爸是干地震救援工作的。

4. **问**：地震救援并不是每天都会有，那么平时你们的工作是什么？

   答：穿上救援服，我是国家地震灾害紧急救援队队员，平时，我是中国地震应急搜救中心教官。

   国家成立应急管理部之后，安监、消防、森防、地震等各个口与应急搜救有关的相关培训，都会到中国地震应急搜救中心来举办，而我则担负着教官的角色。2019 年全国首届社会应急力量技能竞赛中，我被推荐为破拆组组长。在时间紧、任务重的情况下，我带领专业人员制定出符合全国社会救援力量实际的竞赛规范，为的就是提升国家各级地震专业队伍的救援能力。

5. **问**：在救援现场，您认为最需要的是什么？您会一直参与地震救援工作吗？

   答：最需要的就是过硬的心理素质。

   身为救援队员，在救援现场过硬的心理素质是首要的，队员们都需要接受心理素质培训，不能出现临场产生畏惧心理的状况。此外，救援后的负面情绪排解同样重要。我们正积极地与中国科学院心理研究所合作，为的就是确保救援队员的心理健康。

救援是我一生中最光荣的事业。我只想和同事们将救援事业持之以恒地干到底。地震虽然无情，但只要党和国家召唤我，人民需要我，我就会义无反顾地冲到最前线。

第三部分

我的实战路

参与、指挥大量国内国际大震现场救援是成就一名
优秀救援队员"业绩突出、功勋卓著、影响广泛"
基本能力的现实路径

2001 年至今，我参加了 22 次国内外救援的培训与演练：2002—2008 年在北京参加瑞士教官组织的 6 次培训；2007 年赴德国进行救援教官培训；2009 年在北京、俄罗斯开展中国国际救援队 IEC 测评和上合组织演练；2010 年赴日本参加东京第 50 期特别高级救助队培训；2011 年赴瑞士苏黎世参加 INSARAG 演练；2013 年赴新加坡参加城市搜索与救援培训；2014 年在北京、新加坡参加中国国际救援队 IER 测评和城市精英赛；2015、2016 年分别在瑞士苏黎世、印度尼西亚参加 INSARAG 演练；2017、2019 年在新加坡参加 INSARAG 演练；2019 年在北京、重庆分别参加中国救援队、中国国际救援队（测评、复测）和全国社会力量比武决赛；2020 年在福建参加森林消防局比武决赛；2021 年在四川参加"应急·使命 2021"演练。

2001 年 4 月 27 日，国家地震灾害紧急救援队成立，经过近两年的紧张训练，救援队基本具备国内国外地震救援的能力。至 2015 年，我本人参加了 7 次国内救援行动、8 次国外救援行动。2003 年 2 月 24 日的新疆巴楚—伽师 6.8 级地震救援，这是国家地震灾害紧急救援队成立以来第一次参加地震救援；同年 5 月 22 日阿尔及利亚 6.9 级地震救援，是国家地震灾害紧急救援队（赴国外执行任务时称"中国国际救援队"）第一次参加国外地震救援。之后我先后参加了伊朗巴姆 7.0 级地震、印度尼西亚班达亚齐印度洋 8.9 级地震海啸、巴基斯坦 7.8 级地震、印度尼西亚日惹市 6.4 级地震、海地 7.3 级地震、尼泊尔 8.1 级地震等 7 次国际救援，四川汶川 8.0 级地震、青海玉树 7.1 级地震、四川雅安芦山 7.0 级地震等 6 次国内救援，成功营救出被埋人员 62 人，其中阿尔及利亚 1 人、巴基斯坦 3 人、四川汶川 49 人、青海玉树 7 人、尼泊尔 2 人。我本人作为队员参与或作为现场指挥员成功救出 26 人，丰富了我的实战经验。

第一次国内救援行动
——新疆喀什地区巴楚—伽师地震救援

2003 年 2 月 24 日 10 时 03 分，在北纬 39.5 度、东经 77.2 度发生了里氏 6.8 级地震。震中在新疆喀什地区巴楚、伽师两县交界处。地震发生于新疆塔里木盆地西部，处于南天山地震带和西昆仑山地震带交汇的夹角区内，是印度板块帕米尔尖角与欧亚板块碰撞的结合部位、塔里木块体向西南俯冲的前沿地带，构造运动强烈，造成了严重的人员伤亡和建筑物破坏，给人民群众的生命和财产造成了巨大损失。

此次 6.8 级地震造成 268 人死亡，4853 人受伤，其中 2058 人重伤。地震死亡人数超出我国解放以来新疆所有地震死亡人数之和，灾害损失达十几亿元，是新疆有记录以来损失最大的一次地震。万幸的是，地震发生时中小学生正集中在操场举行升旗仪式，做早操，虽然众多学生在大地的震颤中目睹了校舍纷纷倒塌，但是如果地震晚发生一刻钟，后果将不堪设想。

党中央、国务院、中央军委高度重视和关心灾区。国家领导人及时作出重要批示，亲自打电话询问灾情，对受灾群众表示亲切慰问。

中国地震局专家工作组于 24 日 14 时由北京出发，20 时在乌鲁木齐国际机场与新疆地震局工作队汇合后，于当晚 23 时 30 分到达喀什市，25 日 4 时到达受灾最重的琼库尔恰克乡，并在达色力布镇设立现场工作指挥部。指挥部将所有人员分为灾害损失评估组、次生灾害与生命线工程调查组、流动观测组、震情跟踪组和地震应急宣传组，奔赴现场开展各项工作。灾害损失评估组分为 4 个小组，从极灾区向东南西北四个方向展开调查；次生灾害与生命线工程调查组会同当地各有关部门开展危险源的排查和工程震害的调查；流动观测组分别在伽师县与岳普湖县架设了 2 台流动测震仪和 2 台强震仪，同时加强了喀什、巴楚、阿图什的震情监测工作；新疆地震局与现场工作组加强前后方信息沟通，对震后趋势做出更加科学的判断；地震应急宣传组通过广播、电视和口头形式向灾民宣传地震应急知识。

我所在的国家地震灾害紧急救援队于发生地震当晚携带救援装备飞赴灾区，主要任务是对地震引起建筑物倒塌的被埋人员进行搜索和营救。

此次奔赴新疆参加震后救援的是国家地震灾害紧急救援队的值班分队，由搜索队员、医护人员和地震专家共53人组成。这是国家地震灾害紧急救援队在组建近两年以来首次参与实地救援。我作为搜救队中的一员，心里激动万分，脑海里回想起救援队正式成立时温家宝副总理对我们的讲话：一年内具备国内救援能力，两年内具备国际救援能力，瞄准国际一流水平建设队伍。检验我们的时刻到了，我们一定会以"首战用我、用我必胜"的优异成绩向全国乃至全世界人民递交一份满意的答卷。

2月24日12时50分，接集团军预先号令，国家地震灾害紧急救援队按战备方案，迅速收拢人员、启封装备、准备器材，进行思想教育和动员。16时30分，接集团军出动命令，值班分队迅速出动，经南苑机场，2月25日01时，空运至新疆喀什机场。经摩托化行军，07时50分到达重灾区琼库尔恰克乡。从接到出动命令至到达灾区共用15个小时。

救援队开进途中，一切有条不紊地进行，因为之前进行过很多次演习。但毕竟这是第一次实战，有些同志还是会紧张。队领导为了我们能够首战告捷，在行进过程中，做了大量准备工作和部署。我们一边收集、汇总、分析关于地震各方面的情况资料，一边做工作安排：首先全线搜索受灾严重的村庄，营救幸存者；其次巡诊救治伤病灾民，抢救危房中的机密档案等重要物品；最后帮助灾民转移安置。

救援队到达现场后，协调组立即部署了当前任务，组织救援队迅速展开全面工作。面对地震后的废墟，我很震惊，从远处看没有一座完好的建筑物，有点像电影里二战时期战争过后的场景：遍地废墟，大部分的房屋垮塌,建筑瓦片、房梁、电线杆纵横交错,街道上布满尘土和地裂纹,还有满脸是泥垢、眼神带着惊恐的人群……

8 时 50 分,按照上级"一个不丢,一个不少"的指示精神,在当地群众自救互救和部队救助的基础上,救援队搜索分队利用搜救犬及搜索仪器,对琼库尔恰克乡的 6 个重灾村进行了全面细致的排查,未发现受困人员,为当地政府及时转变工作重点,组织抗震抢救工作提供了决策依据。

26—27 日,根据当地抗震救灾指挥部的部署,救援队对重灾区琼库尔恰克乡、色力布亚镇和阿拉格尔乡三个乡镇的政府大楼内被困贵重物品和档案资料进行了抢救。共搜索楼内面积 4600 多平方米、房屋 122 间。抢救出贵重物品 66 件、资料档案 892 件、税票 2 箱、现金支票 16000 多元以及办公用品若干。

救援队建设近两年来,完成了多次演练任务,特别是去年的唐山空运演练和上海国际会议演练使救援队的能力得到很大提高。这次救援行动,是对救援队建设的综合检验。出动时间之紧、机动距离之远是前所未有的,真正对救援队的全面建设工作进行了一次实战检验。实践证明,救援队做到了一声令下,立即出动,向世人展示了我国第一支地震紧急救援队伍"装备精良、反应迅速、突击力强、机动性高"的良好形象。这次救援行动,也是对整体保障的实际检验。救援队执行救援任务,很多情况下将采取空运和摩托化行军相结合的方式,其过程需要陆军、空军、场站、地方政府等多系统、多部门的配合。这次救援行动能够在短时间内使救援队各方集结、飞机调动、场站保障、灾区驻军保障、当地政府协调等各环节做到配合默契、保障及时,是一次真正的大练兵,为以后的行动奠定了坚实的基础。

当然,这次救援行动并非尽善尽美,也暴露了在组织建设、基础训练、后装保障等方面的一些亟须解决的问题。

◆ 队伍的组织建设有待加强

通过这次救援行动,结合我军特点,救援队在组织建设上还需加强。一是需要增编 1 名政工干部,主要负责队员的思想政治工作、新闻宣传工作、资料收集整理工作、民情社情调查工作和群众工作；二是需要增编1名犬医，主要负责搜救犬的医疗保障；三是需要增编1名装备管理员，主要负责日常装备器材管理和救援现场救援装备器材管理工作。

◆ 基础性训练有待拓展和强化

◎ 注重心理学的学习和训练

这次真正到了地震现场，有的队员心理上出现了明显的波动，这需要加强心理学的学习。主要应从心理的适应能力、承受能力、稳定能力、胆量和集体心理五个方面入手，培养队员的综合心理素质，提高队员的心理承受能力和自我调解能力。

◎ 加强建筑结构知识和支撑技能学习

在破坏严重的建筑物内进行救援，首要的工作就是支撑，这是救援工作的基本保证，赴欧洲培训过的指挥员对此都有深刻的理解。现场进行抢救物资时，就反映出队员的支撑技能还很缺乏，应加强利用制式器材和就便木材进行支撑的训练。

◎ 加大体能训练力度

地震发生后，队员经过连续的长途机动到达灾区后，立即投入到紧张繁重的救援中，需要队员有较好的体能素质和坚强的意志，能够适应超常规、超生理极限的考验。在这次执行任务中，有的队员出现了晕机和身体不适等反应，这就需要日常坚持体能和耐力训练。

◎ 改进完善模拟训练场及犬舍

通过这次救援行动，我们对地震现场有了初步的认识，意识到现在的模拟训练场已不能满足训练的需求，应增加必要的设施，完善其训练功能；搜救犬舍投入使用一年来，其建设也有不合理之处，需进一步完善改建。

◆ 后装保障有待完善

◎ 搜救犬防护装具应配备

搜救犬在灾害现场进行搜索工作时，需配备必要的防护装具，防止意外伤害。同时应改善其现场工作条件，以提高工作效率。

◎ 战备给养储备需完备

通过这次行动，我们发现食品的储备还不能完全适应实际需求，主要表现在储备品种基本为冷食，这对于救援人员的能量补给效果不佳，需及时调整和补充，以满足战备和救援需求。

◎ 队员医疗卫生保障需完善

在救援行动中，队员本身及救援基地的医疗卫生保障是医疗保障的重点。在这次行动中，救援基地环境的消毒、队员自身的免疫、饮用水和食品的检疫都没有到位，特别是在疫区，这是一项很重要的工作，需制定保障措施。出动时应携带饮用水净化装置，以确保队员自身的健康和救援行动的顺利进行。还应配备防尘面罩、个人防护装备等。

我和盘兵利用圆木对琼库尔恰克乡政府办公楼内部进行支撑，防止二次坍塌

◎ 指挥通信保障需加强

由于指挥体系还没最后确定，现在的通信方式不能满足现场复杂的工作需求，现场作业时的分级指挥受到了影响。应尽早制订指挥关系方案，将对讲机进行编程分组，以实现点对点指挥。

◎ 办公设备应配套齐全

办公设备配套不全，许多材料不能及时处理和上报，给工作带来了影响。办公设备应便携、实用，能够完成文字、照片、影像的采集和处理。除现有的海事卫星电话外，应增加打印、文字传真、影像处理、现场录音等设备。此外，还应增加对讲机、手机、搜索灯等用电设备的充电设施。

◎ 装备器材管理需完善加强

在救援及训练装备器材的管理上，由于制度建设不完善、使用管理上有漏洞，致使出现了装备器材损坏、丢失等问题，既造成了经济损失，也给训练工作带来了严重影响。对此，完善管理制度，加大管理力度，明确责任，以管保装，确保装备器材的完好率，为训练和救援工作奠定基础。

第一次国外救援行动——阿尔及利亚国际救援

2003 年 5 月 21 日 19 时 44 分（当地时间），阿尔及利亚北部地区发生 6.9 级强震，截至 5 月 28 日止，已有 2251 人死亡，1 万多人受伤，1000 多人失踪，受灾总人数超过 10 万。

阿尔及利亚内政部的报告指出，这场地震波及了阿尔及利亚北部地区 8 个省份，其中首都阿尔及尔和位于震中地区的布米尔达斯省受灾最为严重。两个地区的公路以及电力、通信和供水设施均遭到严重破坏。阿尔及尔市中心通往机场的高速公路也已经关闭，无法使用。惊恐的居民或拥挤在街头，或带着自己的财产逃离。在阿尔及尔以东约 30 公里的鲁维巴镇，大量建筑物倒塌，许多人被埋在了废墟中。

地震发生后，阿尔及利亚政府立即成立应急小组，内政部长努尔丁·耶齐德·泽古尼立即前往布米尔达斯市组织救助。乌叶海亚总理在国家电台发表讲话："这一灾难沉重地打击了整个阿尔及利亚，阿尔及利亚国家安全部队现已进入全面戒备状态，以应对可能发生的突发事件。"

获悉阿尔及利亚地震发生后，5 月 22 日，时任中国国家主席的胡锦涛同志第一时间向阿尔及利亚总统致慰问电，在得知地震造成中方人员伤亡后，立即通过外交部向在阿的中国公民表示慰问，并指示中国驻阿使馆人员迅速核实我国公民伤亡情况，配合阿方救治伤员工作，妥善处理相关事宜。

据中国驻阿尔及利亚大使馆 22 日 8 时提供的消息，地震已经造成 3 名中国建筑公司员工死亡。地震发生时，中国建筑工程总公司八局在阿尔及尔的一座 6 层员工宿舍楼倒塌，当场有 11 人受伤，伤员被送到医院后，1 人因伤势过重死亡，3 名轻伤员经过简单治疗后出院，7 名重伤者仍在观察和治疗中；另有 7 人被埋在瓦砾中，有 2 人被找到时已死亡，剩下 5 人还未被找到。

22 日 16 时 05 分，接上级预先号令，中国国际救援队做好出动准备，时任救援队队长的马庆军迅速组织召开会议，传达救援命令：首先，统一思想，提高认识。此次救援是救援队成立以来第一次参加国际救援，代表着中国政府和中国人民，应该把部队好的优良作风展示给当地政府和人民。其次，在阿尔及利亚救援时要向国际同行学习。之后，我们立即启动值班分队应急救援预案，充分进行了物资装备器材准备，及时补充了救援器材和给养物资。

23 日 15 时 30 分，接上级出动命令，我们迅速组织救援分队赶赴首都机场 T2 航站楼。这是我人生中第一次乘坐民航飞机，在登上飞机的那一刻，我按捺不住内心的激动，因为作为一名救援队员，到救援现场展示所练就的搜救能力，尽自己最大的能力拯救生命是多么光荣的一件事！当时不光我一个人这么想，其他队友也是一样。这是我们的任务，也是我们的使命！

17 时整，30 名赴阿救援队员全部集结，其中中国地震局 8 人、武警总医院 4 人、解放军 18 人，救援队员在首都机场 T2 航站楼通过安检并配合阿尔及利亚驻中国大使馆工作人员快速办理赴阿救援现场的签证。

17 时 50 分，所有队员完成了人员安检、物资装载等，在出关手续办理完毕后，机场转运车把我们运送到一架飞机旁，全体队员下车，成两列横队集合，送行的领导对我们出征提出具体要求。之后，我们按照军队队列要求，成一路纵队，有序登机。队员们迅速坐到指定位置，系好安全带。此时飞机里的广播响起："敬爱的中国国际救援队全体队员，你们好，非常荣幸能够为你们服务。你们代表祖国和亲人赴阿尔及利亚执行国际救援任务，祝愿你们胜利归来！"飞机慢慢滑出停机坪，缓缓驶向跑道，向相隔万里的阿尔及利亚腾空飞驰。在飞机上，救援队成立了临时党支部，由时任救援队领队的岳明生同志任支部书记。

经过 14 个小时的飞行，我们的飞机缓缓降落在阿尔及利亚首都阿尔及尔国际机场。当我们走下飞机舷梯后，早已等候的我国驻阿尔利亚大使王旺盛和工作人员及阿尔及利亚政府工作人员与我们救援队员一一握手。

全体队员紧急卸载携带的装备物资及三条搜救犬，搜救犬见到训导员后，个个活蹦乱跳，不停地摇动着尾巴，也许是好久没有见到自己亲爱的队友和主人，所以显得格外兴奋。

办理完出关手续，我们看到国外救援队队员有的躺在机场大厅，有的盘腿而坐。而我们经过军队方面的训练，两列队伍整齐地站好军姿，有序地等待或行进。很多国外救援队员看到后，用一种惊讶的眼光看着我们，我猜他们心里一定在想："中国国际救援队怎么这么训练有素呀！"大约过了1个多小时，队长下达命令："全体休息。"我们听到命令后，才盘腿而坐，但依然采取军队的正规坐姿，保持良好的形象就是展现中国军人的精神风貌。后来队长说，装备出关还需要一点时间，可以躺下休息会，我们这些年轻的队员才踏实躺下。我们时刻以服从命令，听从指挥为天职。事后回想，我明白了国外救援队的队员为什么要倒在地上或坐在地上休息，原来是为了保存体力，使自己的体力快速恢复，保持最佳状态。而我们的队员大部分来自部队，时刻保持军姿已让我们习惯成自然了。

中国地震局科技发展（外事）司司长、救援队对外联络官黄建发同志到机场联合国现场协调中心报到，汇报我们救援队此次救援来了多少人，带了多少装备，能够完成什么样的救援工作。联合国官员当时特别惊讶地说："中国国际救援队能以这么快的速度到达阿尔及利亚，真的不可想象！欢迎这支年轻的救援队伍正式加入联合国救援组织的这个大家庭。"这充分说明了我国政府和人民对阿尔及利亚政府的高度重视。

也许我们是第一次出国执行救援任务，体力和精力都非常充沛，当时只有一个信念，那就是快点到达救援现场，实施搜救。根据联合国现场协调中心任务划分，中国国际救援队施救区域是帝利斯市。当地政府为我们提供了客车，并用货车拉着我们的装备物资，把我们送到了帝利斯市现场指挥部。当地官员了解了我们救援队的人员、装备、救援能力后，根据灾区的受灾情况，安排我们救援队前往代利斯区域施救。

在赶往代利斯途中，我们经过一个名为布满德斯的地方，看到一座倒塌的建筑物周围站满了当地救援力量和受灾群众。应当地政府的请求，我们下车勘查情况，并用装备搜索该建筑物下有没有幸存者。领队用对讲机呼叫："犬搜索组听到回答。"马庆军说："收到，请讲。""让犬搜索组先下来，准备好搜索！""超强，准备。"这也是我们的搜救犬第一次亮相于国际救援舞台。

由于"超强"接受训练时识别的气味与当地人身上的气味不同，我们在现场让"超强"对当地人进行了快速气味识别训练，"超强"很快就对他的气味熟悉和敏感起来。

进入搜索现场时，训导员吴苏武解开"超强"的训导绳，一声口令"坐"，只见"超强"前腿笔直，后腿弯曲，坐在地上。或许"超强"也在想，这是真正的救援现场，终于可以展示自己真正的搜索能力了。

"超强"开始搜索前，吴苏武围着废墟快速勘查了一遍，因为搜索前，训导员应该掌握搜索路径，为的是更好地指挥搜救犬进行搜索。吴苏武轻轻拍了下"超强"的脖子，用手指向要搜索的重点区域，在听到训导员下达"搜"的指令后，"嗖"的一下，"超强"从地面腾空而起，向倒塌的废墟方向奔去。

吴苏武在废墟边，不停地用手指挥，只见"超强"一会跑到废墟上边，一会又跑下来，不停地摇尾巴。听到"超强"呼哧呼哧的喘气声，我们开始心疼他，因为这么长时间的搜索工作对他的体力消耗会很大。

又一次钻进废墟里，几分钟后，"超强"终于发出了吠叫，而且叫声越来越大，尾巴不停地摆动，前爪不停地刨废墟瓦砾，从我们的训练经验判断，废墟里可能有幸存者。

当"超强"搜到幸存者后，当地指挥员说："我们有一些营救装备，可以自己实施营救，你们能够替我们搜索定位到幸存者，已经非常感谢你们了。"

于是我们向代利斯区域前进。当我们的车停到海边的一处开阔地时，听到对讲机里马庆军发出命令："全体人员准备装备。"全体队员闻风而动，因为大家知道，我们的救援现场到了。于是，我们从货车上将救援装备搬运下来。只听到对讲机里，中国地震局工程力学研究所所长、结构专家孙柏涛大声地喊"快把凿岩机拿过来。"搜救队长王完全带着我和陈剑、侯保国、曹志伟、李占云拿着凿岩机、剪切钳、液压导管和液压泵，一路向废墟狂奔。

当地气温高达 34℃，即便我们穿着厚厚的救援服和救援靴，戴着救援头盔和呼吸面罩，依然能闻到尸体高度腐烂的气味，这是我第一次感受到尸体的味道，有种五脏六腑都要吐出来的感觉，只能强忍着。到营救地点时，我们的救援服已经全部湿透了。

救援现场为两栋倒塌的 5 层居民楼。我们从当地居民口中了解得知，地震发生时有一家人正在举行婚礼，亲朋好友 60 多人前来祝贺，在场人员基本全部被压埋。

由于现场围观群众多，秩序特别混乱，救援行动无法展开，必须疏散围观人群。在我们多次疏散围观人员无效的情况下，只好求助当地群众用手拦着围观人员。

救援专家孙柏涛现场评估后，指挥我们用内燃凿岩机水平破拆。我们把其他的救援装备放在营救废墟一旁，我和侯保国、曹志伟拿着凿岩机来到倒塌建筑物的外围，侯保国双手水平拿着凿岩机，我和曹志伟左右扶持，用凿岩机水平凿破。因为凿岩机是汽油和机油混合的，它冒出来的烟打在墙面上后会反扑过来朝我们脸上打来，浓烈的气味熏得我们睁不开眼睛，再加上戴着呼吸面罩，有种要窒息的感觉。

我们凿了大约 30 分钟，根本没有什么进展，这时王完全建议从上往下垂直凿破试试。我和侯保国、陈剑三人把凿岩机传递到废墟上面，陈剑操作凿岩机，我来辅助，侯保国清理凿破的废墟，王完全现场指挥。由于语言不通，难以维持现场秩序，围观群众越来越多，再加上现场机械的操作，救援进展速度非常缓慢。时间一分一秒过去，突然，清理废墟的侯保国脸色苍白。因为第一次参加国际救援，经验略为缺乏，我们没有充分考虑救援现场天气炎热这个问题，再加上高强度的体力透支，导致侯保国中暑，必须马上换人。

继续往下垂直破拆才发现，原来每层预制板层层叠压，根本没有生存空间。经过一个多小时的营救，经孙柏涛最后评估：废墟下无幸存者生还。

接下来，我和王完全、张健强拿着装备来到该废墟的另一个营救地点，原来是一根横梁下边压埋着一个遇难者，当地群众有的用铁锹一点一点清理废墟，有的直接用手搬运废墟。我和张健强把液压泵、

2003年5月24日，中国国际救援队在阿尔及利亚地震倒塌的废墟上进行救援工作

多功能液压剪切钳连接好，找好一个缝隙，运用多功能液压剪切钳缓缓地把横梁顶升到大约 40 厘米处，发现遇难者为一位大约 40 岁的妇女。她面朝下，看得出地震发生时遇难者往外跑，建筑物瞬间倒塌，塌落的横梁直接砸在她的头部。我们把营救空间顶升并加固完毕后，看到遇难者的头部被横梁砸得脑浆迸裂出来，面目全非。可当我们准备将遇难者救出废墟时，却遭到其亲属的阻拦。因为按当地的风俗，他们不希望家人的身体被外人看到和接触。为了尊重当地风俗，我们停止了营救。

同时，应中国驻阿尔及利亚大使馆要求，我们组成 7 人救援小组，由救援队领队亲自带领赶赴中建公司宿舍楼实施现场救援。经过艰苦

中国国际救援队在阿尔及利亚的救援经历被列入语文三年级下册（人教版）教材中

在异国他乡，一位非洲少年对中国人民非常友好。下面的课文讲的也是发生在中国人民和外国人民之间的事情。让我们默读下面的课文，想想课文讲了一件什么事，表达了怎样的感情。

28 中国国际救援队，真棒！

"中国万岁！"这是阿尔及利亚群众在送别中国国际救援队时，发自内心的祝愿。

2003年当地时间5月21日19时45分，阿尔及利亚北部地区发生里氏6.2级地震，造成两千二百多人死亡，一万多人受伤。震后，中国政府立即向阿尔及利亚派出由30人组成的救援队。

经过14个小时的长途飞行，中国国际救援队到达阿尔及利亚首都。他们一下飞机，就赶往受灾最严重的布迈尔代斯。来到这座城市，展现在救援队员面前的是一片悲惨景象：房倒屋塌(tā)、失去亲人的大人、孩子在哭泣，空气中弥(mí)漫着尸体腐(fǔ)烂后散发的臭(chòu)气。倒塌后的房屋大都呈(chéng)"叠饼状"，加上余震还在不断发生，给救援工作造成很大困难。他们一下车，就迅速投入救援工作。有的队员用声波探测仪仔细地搜(sōu)索着每一条缝隙(xì)，细心地捕捉着废墟里发出的声音；有的队员操作液压钳，剪断纵(zòng)横交错的一根根钢筋，搜寻着压在废(fèi)墟(xū)下的幸存者……当时气温高达34摄氏度，队员们穿着厚厚的防护服，汗水把衣服浸透了，队员们仍然坚持战斗。

在这次救援中，有一个特殊队员——搜索犬(quǎn)"超强"，成了人们交口称赞的"救灾明星"。5月24日，中国国际救援队得到信息：有个儿童下落不明，可能仍被埋在废墟里，希望能够协(xié)助救援。虽然这个地方不属(shǔ)于中国国际救援队的负责范(fàn)围，但为了抢救孩子的生命，中国国际救援队还是派出部分队员前往救援。他们带着搜索犬"超强"在废墟

中来回搜索。突然，"超强"冲着一条水泥板夹缝狂吠(fèi)不止，大家兴奋地喊道："找到了！找到了！"救援队员在"超强"的引导下，看到了废墟中有一只隐隐活动的胳膊，经过一番紧张的援救，在废墟中挣(zhēng)扎了三天的一名男孩终于被救了出来。当地群众对中国国际救援队感激不尽，搜索犬"超强"也因此在当地闻名遐迩(ěr)。

5月29日，中国国际救援队圆满完成了抢险救援任务(wù)，载[zài]誉(yù)返回祖国。

此处应为2001年

资料袋

2002年初，我国政府根据地震救援的需要，成立了一支国家地震灾害紧急救援队。这支救援队由地震专家、工程兵部队、医务人员组成，共200多人。他们配备了一流的设备，按照国际标准进行了严格的训练。2003年2月，救援队首次参加我国新疆巴楚等地的地震抢险救援，出色完成了任务。2003年5月，在阿尔及利亚发生强烈地震后，救援队立即赶到了灾区。联合国官员高度赞扬说："中国国际救援队来得真快，其反应速度是超常的。"

课文内容和搜救犬"超强"

努力，协助中建公司搜索出一名遇难同胞遗体。中国救援队的行动使海外赤子在他们最困难和最需要帮助的时候，深切地感受到了党和国家的关怀；在突发灾害面前，感受到了祖国人民的关心和帮助。

当我们在该区域搜救完毕，准备撤离时，局面混乱起来，当地群众不让我们撤离。他们认为我们是救援队，就应该继续营救。其时也能够理解，可是时间紧迫，我们要留时间去拯救废墟下幸存者的生命。当地群众慢慢把我们包围起来，气氛十分紧张，这时我们用对讲机报告领队，领队指示我们救援队先安静下来，不要和当地群众发生任何冲突，随队翻译迅速联系当地驻军，最终我们在当地驻军的保护下，得以安全撤离废墟。

在现场救援过程中，我们全体队员 20 多个小时没有休息，也没补充过食物，腐烂尸体的刺鼻气味充塞着鼻腔，34℃的热浪炙烤着全身。连续作业时，1 名队员体力透支，出现中暑症状，4 名队员出现呕吐现象。即便在这么复杂艰苦的条件下，我们仍然克服了嗅觉和心理的不良反应，始终保持着精神不垮、秩序不乱和昂扬的精神状态。全体队员自始至终战斗在救援第一线，处变不惊、沉着应对，经过大家共同努力，共解救出 4 具遇难者遗体。

因为我们一到阿尔及利亚就忙着直接去现场搜救，导致我们的行动基地没来得及搭建，连基地要搭建在什么地方也不清楚，而且当地还有恐怖分子出没，为了队伍的安全，我们坐着客车在路上寻找可以搭建基地的地方。

我们路过一所中学时，领队几个人下车勘察地形，过了一会，对讲机里呼叫："全体队员下车，准备搭建基地。"队员们迅速下车，有的抬装备物资，有的开始架帐篷……两个多小时过去了，一切准备就绪，紧张而忙碌的身体终于可以放松了，躺在帐篷里软绵绵的（学校宿舍的）床垫上，也许身体极度劳累，我在躺下的瞬间就进入了梦乡。

5 月 26 日，副领队徐德诗和联络官黄建发代表中国国际救援队到当地现场指挥中心开会，汇报救援队的救援进展和下一步的搜救计划，汇报完毕后联合国官员通报救援情况：法国救援队救出一名幸存者，中国国际救援队搜救到一名 12 岁小男孩。特别提到中国国际救援队作为一支年轻的救援力量,在此次救援中发挥了重要作用。

从阿尔及利亚归国后,我们的救援经历被教育部列入小学语文三年级下册(人教版)教材的一篇课文,用《中国国际救援队,真棒!》来教育和引导孩子们树立正确的世界观、人生观、价值观。

这次救援行动扩大了我国的国际影响,赢得了国际社会的赞誉,增进了中阿两国人民友谊;同时也锻炼了我们这支年轻的队伍,我们在这次实战中积累了宝贵的经验,提高了实战救援能力。更重要的是,这次救援行动是新中国成立以来第一次向国外派出自然灾害救援队伍,在国际上展现了中华民族热爱和平、崇尚友谊、助人为乐的传统美德。

在阿尔及利亚执行任务的 7 天时间里,面对废墟和瓦砾、一具具血淋淋的尸体、一张张痛苦和悲伤的面容,身处情况复杂、条件艰苦且危险的环境,全体队员经受住了恐惧和危险的考验。我们在营地升起了五星红旗,每名队员都佩戴了国旗徽章,始终牢记祖国和人民的嘱托,把为国争光的热情化作完成救援任务的强大动力,不畏艰险、迎难而上、英勇顽强、无私奉献、战胜困难,用实际行动展示我军文明之师、威武之师的良好形象,圆满地完成了党和国家交给我们的急难险重任务。

印度尼西亚班达亚齐国际救援

2004 年 12 月 26 日，印度洋发生 8.9 级强烈地震，并引发大规模海啸，造成大量人员伤亡。岁末的这场浩劫举世皆惊，23 万多条鲜活的生命在一瞬间就告别了世界，世人禁不住为之颤栗和哭泣。

一场世纪性的灾难，催生出一场世纪性的国际大救援。正如联合国前秘书长安南所说的，这场灾难"要求空前的、全球性的反应……这是一场与时间赛跑的竞赛"。这场大救援折射出人类群体团结互助、摆脱困境的不屈精神，折射出人道主义的熠熠光辉。

2004 年 12 月 31 日 22 时 30 分，经过中国国际救援队联络官黄建发等人的多方联系，救援队员们终于坐上了来自新加坡的"大力神"号运输机，前往亚齐省会班达亚齐执行紧急救援任务。

经过 37 个小时的辗转颠簸，从北京出发的 35 名救援队员终于抵达了此次受灾最为严重的班达亚齐，成为首批到达灾区的救援队之一。这是我第五次参加救援任务，在下飞机的刹那，我看了看手表，正好是北京时间 2005 年 1 月 1 日 0 点，多么巧合啊！2004 年最后一页日历正好在这里翻过。我们队员就地露营，稍稍缓解一下疲乏后将全力投入到白天的救援行动中去。

灾区的现场情况让我震惊，毫不夸张地说，受到海啸正面袭击的班达亚齐已经是人间的炼狱，死亡、饥饿、疾病的威胁笼罩着这座曾经美丽的海滨城市。这场世纪灾难中，受灾最重的地区是亚齐省，死亡人口最多的是班达亚齐。"空气中充满着死亡的气息"，这是我来到这个地方最大的感受。尽管我们是专业的救援队员，但灾区现场的惨景仍让我们感到触目惊心。哪怕戴了两个口罩，现场弥漫的尸体腐臭味仍能钻入鼻孔，口罩上的臭味久久不散。

灾后的班达亚齐，半个城市已经成为废墟，一半以上的建筑被毁，裸露腐烂的尸体布满了大街小巷。据称有近9000人死亡，10多万人失踪。当时的班达亚齐有难民营50多个，每个难民营收容了几百人到几千人，最大的一个超过1.5万人。亚齐河把班达亚齐市分为东、西两区，横跨该河的亚齐桥曾是满眼秀色，然而从灾难后的亚齐桥望去，河面上漂浮着的两三百具尸体已经浮肿变形，高度腐烂后散发的恶臭让人难以呼吸。市中心曾经是政府机关所在地，现在也毫无生机。没有什么完整的建筑幸存，残留的海水、木块、泥土和尸体混在一起，成为一片奇特的沼泽地。

班达亚齐正在泥潭中挣扎，这个泥潭散发出来的气味是恶臭的。恶臭腐烂的人畜尸体、被冲倒的椰树、家具食品、渔船的碎片，甚至还有扭曲的汽车，都在黑色泥浆里一起搅拌发酵，随风飘散弥漫在满是泥浆的街巷。

在班达亚齐最繁华的中心区，道路两边的房屋建筑很多已经被海啸彻底撕成了碎片，海水如镶着利刃的舌头，所舐之处都留下了翻出黑泥浆的深沟。事实上，班达亚齐已经被海啸撕裂成了两片：一小片街景依旧，可以想象十几天前这里优美的海滨风光；另一大片则在被海啸横扫后变成了泥塘，黑色而恶臭的泥浆四处泛溢。

在"死城"班达亚齐海滨成片的废墟前，印度洋出奇的静谧，只有几声海鸥的叫声给这里增添了一丝活力。满目疮痍的现场让人震撼，而更让人难忘的是在海边堆满了垃圾、木头、家具等杂物的废墟前，一棵仍然挺立不倒、绿意葱茏的大树下，一个面目清秀少年的笑容。我轻轻地询问才知道，他的父母、哥哥都在海啸中遇难了，他的家也被海水冲得无影无踪。他已经连续10天来到海边寻找亲人的遗体。明明知道会无功而返，可他仍怀着希望每天来到海边。当我问到是否可以给他拍照时，他忽然笑了。他的笑，让我吃惊，更彻底颠覆了我对痛苦的理解。也许，藏在心里的痛苦真的不是我们旁人能用手触摸的，笑容有时也很惨烈。

在一个路口，三四具尸体已经因烈日暴晒而开始腐烂，他们身上只进行了简单的遮盖，空气中弥漫着挥之不去的尸臭。其中一具尸体扭曲着身子，大张着嘴巴，看得出临死之前的紧张和恐惧。远处，有人点燃了熊熊大火，空地上的碎木片、破家具全被火点燃，据说这样做是为了避免传染病暴发。推土机"轰隆隆"地吼叫着，戴着各种样式口罩的工人们正忙碌地清理着街道，铲除道路上的各种障碍。

一些救援团体打出的标语多数为"在哭泣"。确实，这场大灾难破坏力之大，给当地居民造成的损失是令人震撼的。天地为之动容，中国表示关切，并对深受苦难的灾民表示无限的同情和关爱。华人聚集的克里区是著名的餐饮商店集中点，棉兰饭店门前一条 25 米长的

前往搜救现场

渔船赫然堵在大厅门口。旁边一辆吉普车半边被压扁，就像被大象踩了一脚的甲壳虫。据介绍，这艘渔船是被洪水从8公里外的海口冲到这里的。街道两边的华人餐饮店，一楼大门多数被毁，满满的填进了泥沙和树干。据当地逃难的华人讲述，至少有两千多名华人被洪水吞没，更多华人流离失所。

这次救援经历让我终生都无法忘怀，觉得自己就像在地狱中走了一趟。在班达亚齐地震海啸后的废墟上，满眼都是或躺或卧的遇难者遗体，虽然我不知道他们的名字，更不了解他们的人生经历，但这些人似乎都在告诉我，他们有多恐惧，多无奈，多想活下来……

灾难中遇难的人在某种意义上是"幸运"的，因为他们不用去感受心碎的悲苦。其实，更为不幸的是那些失去亲人的劫后余生者，对他们而言，世界也许永远失去了颜色，生活可能永远定格在记忆的碎片中，甚至连悲痛也已经成为一种奢侈的感受。相对于他们，我们是幸运的，因为我们还活着。

我们到达灾区之后，迅速展开了救援行动。1月3日，中国和新加坡联合救援队在班达亚齐受灾最为严重的临海小镇塔曼西斯瓦开始搜寻幸存者和清理遇难者遗体工作。卡车从机场驶出，道路两旁是各国救援者搭建的各种式样、各种颜色的帐篷，许多帐篷上都以本国语言印着醒目的"救援"字样。雨后初晴，远山含黛，但大家无暇更无心欣赏这一切。卡车离海边越来越近，道路两边的景致变得越发触目惊心，小镇墙倒屋塌，遍地是破碎的砖块。碗口粗的钢柱被海啸冲击得弯弯曲曲，粗大的水泥桩更是被拦腰冲断。方圆十多平方公里的全镇静得出奇，只有偶尔从远处传来的海鸥叫声打破寂静。由于受灾面积太大，这里之前没有得到过救援，现场很多尸体历经七八天已经高度腐烂，阵风不时吹来尸体的恶臭，臭味顽强地钻透了我们所戴的两层口罩，让人直想作呕。

人在大自然面前真是太脆弱了！现场的惨烈气氛让中国国际救援队搜救分队队长袁本航禁不住吸了口凉气。当地高温使遇难者遗体高度腐烂，并发黑发臭，救援时移动尸体还会出现骨分肉掉的情况，这些都给搜救工作增加了很大难度。"一定要注意自己的安全，注意利用仪器确定遇难者位置，然后再清理。"袁本航反复叮嘱我们。刚走进一处倒塌房屋的废墟，我们就发现了三具肿胀腐烂的遇难者遗体，我们迅速拿出裹尸用的塑料布，小心地盖住遗体，再轻轻地翻转过来，细心地用绳子捆扎好塑料口袋后，放到道路旁。

为探测废墟下面是否有幸存者，我们利用从国内带来的蛇眼生命探测仪仔细搜索，慢慢往下放，随着一声声口令，将蛇眼探测仪放进了废墟里。1分钟、5分钟……从蛇眼反馈的图像中找不到任何令人振奋的生命迹象。

在靠近一大片水塘的废墟上，我发现了一具女童的遗体，小女孩无助地躺在泥地上，痛苦地仰望天空。队友们将小女孩的遗体轻轻地抬起来放进裹尸袋，然后用绳子扎紧袋口，再抬到路旁，等待当地政府派人处理。很多尸体都一碰就碎，一名队员在用裹尸袋兜另一个小女孩的遗体时，整个遗体都碎了。现场清理遇难者遗体的队员们年龄都不大，在清理尸体时承受了非常大的心理压力。当天，中国国际救援队在废墟中共清理出10具遇难者遗体，其中就包括这两名女童。

这些工作既危险又令人难以忍受，当地人认为难度相当大。我们中国国际救援队建队3年来，每一名队员都接受过心理辅导和测试，基本素质非常好。在日常训练中，为克服心理恐惧，队员会在半夜被带到阴森的墓地，被领到太平间中适应尸体的臭味，所以队员们有足够的勇气去完成这项艰巨的任务。灾区的需要就是我们的任务，这是我们参加国际救援的一个原则。我们这么做，一方面出于对生命的尊重，希望能给死者家属一个安慰，另一方面也体现了中国人民对印尼人民的友谊和同情。

虽然身处异国灾区，但是我们的心依然和祖国在一起，我们腕上的手表始终按北京的时间走动着。1月2日7点，中国国际救援队在大本营门口举行了升国旗仪式，35名队员身着救援队服整齐列队。从那刻开始，救援的大本营将始终飘扬中国国旗。无论我们身在何处，只

中国国际救援队在印尼班达亚齐海边清理遇难者遗体

要望见五星红旗，自豪之情都会油然而生，祖国永远和我们在一起。我们要努力为国争光，在救援中作出贡献。

"在班达亚齐，中国国际救援队是一支主要的力量。"这是联合国现场救灾协调中心的负责人对中国国际救援队的评价。在前几天的联合国现场协调会上，黄建发告诉记者 2003 年阿尔及利亚地震，参加救援的队伍有 30 多支；2004 年伊朗巴姆地震，参加救援的队伍达到了创纪录的 65 支；而这次只有新加坡、马来西亚和中国 3 支国际救援队参加，是历次救援行动中最少的。

为什么这次来这里的救援队这么少？造成这种情况的原因是多方面的。首先，在地震发生的初期，人们对这里的灾情很不了解，灾情消息又很难传递出去，大家都以为斯里兰卡最严重，没想到却是班达亚齐最严重。其次，这里的灾情太过严重，当地政府和相关机构都受到很严重的破坏，甚至出现了不少绝镇绝村绝户的情况，再加上基础设施在海啸中严重被毁，电力、交通、通信几乎完全中断，使这里的信息难以及时准确地传递出去。第三，认识到这里的灾情最严重的时候，从搜救的角度讲，已经过了最佳时机。而且这里交通很不便利，那些以搜救为主的国际救援队，如果再来也意义不大。

按国际惯例，在重大灾害发生 3~5 天的救援重点是搜救，5~10 天的重点是医疗，10 天以后是干净饮用水的问题，再之后是灾后重建。中国国际救援队此次救援工作主要是开展医疗救助。

1 月 5 日晚，中国国际救援队队员的心潮都不平静。前来出席东盟地震和海啸灾后问题国家领导人特别会议的温家宝总理刚刚抵达雅加达，就给队员们打来电话，代表党中央、国务院，代表胡锦涛总书记，代表全国人民向队员们表示亲切的慰问。温家宝总理还给每位队员亲笔写下了贺年卡，并带来了慰问品。总理的关怀让所有队员感到温暖，大家热血沸腾，纷纷表示一定不辜负总理的嘱托，不辜负祖国和人民的期望。我们在这里代表的是中国的形象，一定要让祖国以我们为荣。有祖国做我们坚强的后盾，这些困难算不了什么。

温家宝总理致中国国际救援队的慰问电
（二〇〇五年一月五日）

中国国际救援队的同志们：

你们辛苦了！我代表党中央、国务院，代表全国人民，代表胡锦涛主席，向你们表示崇高敬意和亲切慰问！

这次地震海啸灾难是全人类的灾难。主要受灾国都是中国的友好邻邦。中国人民对受灾国人民的不幸极为同情。作为邻国，伸出援助之手是我们义不容辞的责任。

同志们，你们肩负着祖国和人民的重托，不远万里，奔赴印尼，不畏艰险，不怕困难，救死扶伤，纾困解难。你们的行动体现了中华民族"一方有难、八方支援"的传统美德，体现了中国人民与受灾国人民真诚友好、患难与共的深厚情谊，体现了中国关心世界、关心人类的崇高形象！

这些天来，你们不怕困难、连续作战，得到当地政府和人民的一致好评。你们为祖国和人民赢得了荣誉，为中国印尼友好事业作出了贡献。祖国和人民为你们骄傲！

我深知，你们正在面对以及将要面临的困难和挑战是巨大的，甚至是超乎想象的。相信你们会不畏艰难，再接再厉，圆满完成各项救援任务。希望你们切实注意做好自身防护，确保人身安全。祖国和人民是你们最坚强的后盾，会给你们最有力的支持！

祝愿你们圆满完成任务。祖国和人民期待着你们胜利归来！

温家宝总理致中国国际救援队的慰问电

当天夜里，我们还收到了一封救援队队员的家人们共同写的来信。家信内容真挚，情真意切，大家深受感动，纷纷表示将继续奋战，努力为祖国争光。信的原文如下：

中国国际救援队的全体队员们：

在这辞旧迎新的日子里，你们肩负着国家赋予的重任，奔赴海啸灾难最重的班达亚齐，代表祖国和人民去完成国际人道主义救援工作。你们的任务是光荣而又十分艰巨的，同时也是神圣的，相信你们每个人都会有一种义不容辞的责任感和使命感。

你们是被派往灾区的第一支中国国际救援队伍，当你们登上飞往异国灾区的专机那一刻起，你们已经牵动着祖国人民和亲人们的心，因为你们将要身处的是没有硝烟的战场，你们所面临的困难和危险是不言而喻的。

新年钟声敲响的时候，你们终于几经周折用了长达30多个小时抵达目的地，这是多么富有特殊历史意义的时刻啊！你们将在那里谱写一曲代表祖国和人民对受灾国友好援助的新篇章。

我们关注着你们，当在电视上看到鲜艳夺目的五星红旗在你们的营地升起时，当看到你们在救援现场积极地投入工作时，我们为你们感到自豪和骄傲，因为你们代表的是中国在世界的形象，在我们心里，你们是英勇的战士，有着大无畏的精神。作为亲人，我们又无时无刻不在惦念着你们。当接到救援任务时，已是深夜，没能为你们做更多的准备，你们就匆匆出发了，你们不顾旅途疲劳连续作战，积极投身到紧张的救援工作中。温度的反差、环境的恶劣、饮食的欠缺等问题，怎不让我们为你们担忧？我们只能通过电视和新闻媒体去了解你们生活及工作的情况，希望在电视上看到你们熟悉的身影，因为我们是多么地想念你们，我们的心是和你们的紧紧连在一起的。

几天来，在你们夜以继日的努力工作下，中国国际救援队成为一支被世界赞誉的队伍，这让我们感到无比的欣慰。因为你们是爱的使者，你们不负众望，为祖国争了光！

今天北京下了新年的第一场雪，而此时你们却在炎热的高温下忘我地工作着，多希望天空中飞舞的雪花带给你们一些凉爽，带去对你们深深的思念和祝福！希望你们平安。

你们的亲人

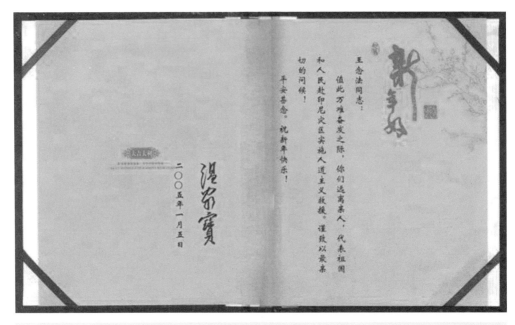

温家宝同志给在印尼执行救援任务的队员的新年贺卡

卫生环境恶劣　一天只吃一顿饭

　　灾区的卫生环境之恶劣让常人难以想象。展开救援的前几天，灾区的大部分地区还没得到清理。海啸过后，海水使灾区很多地方变成了沼泽，半个城市已经成为废墟，半数以上的建筑被毁，裸露腐烂的尸体在城市中比比皆是，大量的尸体堆在大街上。当地的气温高达30℃，又经常下雨，很多尸体已经高度腐烂，散发着恶臭。

　　由于灾区伤亡情况太严重，绝大多数医院在海啸中被毁，加上交通基本瘫痪，伤员们无法被运往其他地方的医疗机构，由于迟迟得不到有效的救治，很多伤员出现了感染、化脓、病情恶化的情况。而且，灾区人尸混杂的现象非常普遍，经常能在居住的帐篷附近看到尸体。

　　1月5日，令人担忧的疫情终于发生了。班达亚齐的两个灾民点出现了霍乱病例，这两个灾民点都在1000人以上，而且都面临食物短缺，再加上那里基本没有医生和护士，情况相当危急。包括联合国新闻官员在内的各界人士认为，那里有爆发大规模疫情的可能。当地缺医少药，如果再发生大规模感染，局面将很难控制。

当天晚上，为了让大家提前做好准备，中国国际救援队召开了会议，队里先普及如何正确对待传染病的知识。吴学杰医生说："霍乱这种病主要通过消化道传染，因此，要在饮水、食品等方面特别注意。只要切断了传染途径，问题就不大。面对疫情，大家首先要积极应对，尽量保证自己的健康安全；此外还要了解要去的地方，不要有恐慌心理。"

只有先保护好自己才能去救助别人，这是中国国际救援队的救援理念。为了保证大家在救援过程中不倒下，救援队采取了很多措施：我们每天执行完救援任务回到营地，都要将穿过的衣物和使用过的设

露天的就餐环境

备、器材进行消毒，对暴露在外的皮肤用消毒纸巾擦拭。队里每天给大家发放维生素营养粉，帮助队员提高免疫力。我们的营地建在草地上，帐篷里满地都是青草。草地上的青蛙并不可怕，可怕的是随处可见的蚊子和蟑螂，疟疾、登革热和乙型脑炎等传染病都是由蚊虫叮咬传播的。这里的蚊子防不胜防，被叮一下身上马上就会起一个大包。平时在营地内，队员们都会反复抹花露水、清凉油，使用消毒剂对周围进行消毒。除此之外，外出巡诊的队员尽可能多吃早饭，为的是积蓄能量，防止被病毒感染。

缺少交通工具　全队一大心病

到达灾区之后，缺少交通工具成为队员们劳神费力的一块心病。大灾造成了班达亚齐城市功能瘫痪——交通不畅，缺车辆、缺汽油。我们救援队是分几路一起出动的，要深入灾区现场、乡镇和村庄都离不开交通工具。

受灾后的班达亚齐有 50 多个灾民安置营，最大的超过 10000 人。我们的医疗分队在巡诊的过程中要到不同的灾民营去，这些灾民营相距很远，因为没有交通工具，队员们有时要步行，有时要在街上拦车，这无疑降低了救人的效率。即使有联合国有关机构的帮助，救援队要找到从市区去灾民营的车辆依然不容易。医疗小组去灾民营要站在烈日下等很长时间车，可是司机往往还会告诉我们汽车没油了，我们必须拿人民币兑换当地的货币才能交给司机加油。

在寻找交通工具的过程中，发生了很多故事。一次在城区里，医疗队急着赶往一所医院，大家分头跑到街道上拦车，就在队员们为一位警车司机肯帮忙而高兴的时候，这辆警车轮胎突然爆了，好在警察又急忙调来另一辆车，将大家送到了目的地。另一组队员在搭顺道车时，无意中拦下了当地市政府食品卫生部部长的专车，这位部长一听介绍，当即同意将队员送到医院，还亲自带着队员们找到医院负责人接洽。更多时候，队员们很难搭到顺道车，这时候就需要花钱搭当地的出租车。这里的出租车实际上就是三轮蹦蹦车，用两轮车改装后在侧面加一个斗就成了出租车，车费也不固定，经常遇到临时涨价的情况。

语言交流不畅　手语担负沟通重任

语言不通是救援队遇到的另一大障碍，而且仅凭队员们自己很难克服。在班达亚齐灾区，绝大多数伤病员都不懂英语，医生和患者之间往往只能通过手势和简单的英语单词沟通。医治外伤的时候，这种情况不会有多大影响，但是遇到病人出现心理危机的情况，如果不能深入沟通，就很难对病人进行充分有效的诊治。在给灾民看病时，医生们一开始只能连比带划，怪异的动作和表情经常使队员自己都忍不住笑出来。

呼吸科樊豪军是一个有心人，在去距离驻地28公里的龙安郊区灾民营巡诊的路上，抓紧时间向当地人学习。他在自己的笔记本上画上人体眼、耳、口、鼻、四肢，一一指给灾民看，让他们用当地的语言念出来，再用汉字一一记录下来。巴士苦——咳嗽，夫鲁——流涕，根吧——地震，特瑞马松溪——谢谢……这个小本子密密麻麻的两大篇，经过推广应用还真帮了我们大忙。

为了改变被动局面，队员们在救治当地灾民的过程中也是积极寻找既懂英语又懂当地语言的志愿者做翻译。一位地震中13口人都在海啸中失去生命的男子，主动成为了我们的翻译，他把帮助中国救援队当作了自己灾后生活的全部。

天气变化无常　淋雨是家常便饭

班达亚齐地处热带，三面环海，属热带雨林气候，现在又时值雨季，时而万里无云，酷热难当，忽又暴雨倾盆，潮湿难耐。变化无常的天气给队员们的工作和生活带来了很多烦恼，队员们白天战高温，连续奋战，晚上要忍湿热、驱蚊蝇、备物品，直至午夜。

到达灾区的第一夜，在机场露宿的队员们就被一场暴雨浇了个透心凉。第二天上午统计了一下，4个小时里断断续续下了10场雨。雨后的天气并不舒服，强烈的阳光使空气十分湿热。我们队员大多数都从严冬的北京而来，对于这里的天气很不适应，几天下来不少队员被晒爆了皮，还有不少队员起了湿疹，领队赵和平的湿疹症状尤其严重，多日未见好转。这种天气对中国国际援队展开救援和医疗救助工作很有影响，出门巡诊的时候，为了能多诊治一些灾民，我们尽可能多带药品少带雨具，这样一来，一天被淋一两次雨已经是家常便饭。

1月9日，一场罕见的连续暴雨袭击了班达亚齐机场。和其他国家的救援队一样，中国国际救援队的大本营也遭受了严重的损失。我们及时把医疗物资搬进了防水帐篷中，但是由于雨太大，用来居住的6顶帐篷都进了水，有几个帐篷水深超过15厘米。在这场与暴雨的较量中，我们把铁铲、脸盆、茶杯等能用的工具都用上了；挖排水沟时，能用的手段都用上了……未来的日子里，人和天气之间的斗争还将继续。

灾难不仅毁坏了班达亚齐市的水电供应系统，连日常食品供应也成问题。我们在机场周围的一块草坪上宿营，所有的水电都靠自己解决，由于灾区水电紧张，洗澡、刷牙、洗脸的水都要尽量节约。中国国际救援队附近分布有大大小小的灾民营十多个，灾民近千人。机场周围几乎没有卖食品的商店，即使有商店，也只卖瓶装水、洗发膏之类的小商品。灾区粮食非常紧张，价格飞速上涨，为了不增加当地灾民的负担，救援队主要依靠自己从国内带来的方便面和军用压缩食品解决饮食问题，因为要长久保存食品，所以就用压缩干粮。无论是面条、米饭还是肉，水分含量极少，吃到嘴里都是一样的滋味儿，根本刺激不了舌头的味蕾，更别说食欲了。如果没有辣椒作伴，恐怕压缩食品真会让人无法下咽。我们的每日三餐几乎是一样的，米饭、鱼香肉丝、雪菜肉丝面、羊肉都被做成了压缩干粮，还有一些方便面。每天还能喝到一种营养剂，这种营养剂是按人体一天的营养需要配制的，喝到嘴里微甜，口感还不错，这是唯一能给我们留下美好印象的食品。

在到班达亚齐的头 3 天，我竟然没有排出大便，每天吃进肚子里不少食品，可消化后的残渣却不见排泄出来，心里很着急，当时甚至担心会把肚子给憋出病来。私下问过我们的众多男同胞才知道，原来他们每个人都有同样的难言之隐。

领队统筹全局　队员积极奋战

领队赵和平说："我们要不辱使命，随时准备面对困难。"作为中国地震局主管救援工作的副局长，这次地震一发生，赵和平的神经就立刻绷紧了，虽然他刚刚接手这项工作，但作为中国国际救援队的领队，赵和平感到肩上责任重大，队员的安全、在灾区面临的种种困难以及如何顺利完成救援工作等问题都摆在他的面前。"中国国际救援队是一个特殊的集体，这个集体中没有特殊者，大家都是平等的。"

在组织决定赵和平同志担任首批中国国际救援队领队后，他首先考虑的就是组建救援队临时党支部，发挥好党支部的战斗堡垒作用和共产党员的先锋模范作用。实践证明，这是救援队圆满完成各项救援任务的重要保障。

中国国际救援队在北京首都机场等待专机起飞时，救援队组建了临时党支部，由赵和平任支部书记，田一祥任副书记，郑静晨、黄建发任支部委员，并召开第一次支委会，明确了分工。专机起飞进入平飞状态后，党支部召开第一次全体队员会议，支部委员按分工对队员进行了战前动员和工作部署，为即将开始的救援行动奠定坚实的思想基础。赵和平同志多次说："在如此艰巨的环境条件下，如果能够不辱使命，很好地完成任务，关键是救援队有一个高度团结一致，充分发扬民主，发扬各自专长，形成优势互补的领导集体"。这些支委在组织领导应急医疗救治和国际救援组织与实施方面都有经验，所有这些组合为一个有机整体，发挥出了巨大作用。所有重要问题都必须经过集体研究决定，比如当救援队滞留在棉兰机场时，由于赴灾区的运输迟迟无法落实，支部决定寻求国际合作。经过多方联系，由新加坡安排军用飞机把救援队和物资运抵班达亚齐，使中国国际救援队成为首批到达灾区的救援队之一。到达班达亚齐机场后，全体支委在旅途极度疲劳和强余震发生的情况下，在机场跑道旁开会研究，一直到凌晨3点多，最终确定了将要开展的10项主要工作，为各项救援行动顺利开展打下良好基础。

救援队安营后，支委会全体成员首先分头到重灾区调查、了解、掌握第一手资料，每天晚上分头看望队员，并与我们促膝谈心，了解思想情况。为了确保营地安全，他们不顾白天疲劳，每天坚持起来查哨，用实际行动展示出党员的先锋模范带头作用。

在救灾的同时，开展爱国主义教育。通过组织举行升国旗活动，激发大家对祖国和人民的热爱。支委会和党员的工作感染了队伍中非党员同志，有两位非党员同志郑重向临时党支部提出了入党申请。一个富有战斗力的团结协作的党支部领导集体是这次国际救援行动成功的保障，也是我们这次成功开展国际救援的一条重要经验。

1月6日下午，新加坡救援队送来了一些牛肉罐头，负责后勤保障的队员拿了几盒先送到了指挥帐篷中，赵和平说："先不要给我们，这里没有特殊的队员，罐头先给上前线的队员吃。""集体"这两个字的意义在中国国际救援队得到了最充分的体现。队员们职务有高有低，年龄有大有小，但是加入中国国际救援队这个集体之后，在搬运物资和设备时，在发放食物和矿泉水时，在清理大本营的积水和淤泥时，每个队员都在行动。

赵和平说："在这样一种艰苦的工作和生活环境中来展开救援行动，中国国际救援队队员的表现让我感动。我们在灾区实施救援行动的时候，不仅是辛苦和艰难，从一定程度上来说甚至是非常危险的。有很多的细节，不在现场参与、接触这项工作的人根本想象不到当时的困难。比如说清理遇难者遗体的队员，接触了传染病人的医疗人员。当时的工作环境和生活条件对我们每个队员从身体上和心理上确实是一次非常严峻的考验。在这样的情况下，我们中国国际救援队的队员确实做到了不畏艰险、顽强奋战，把我们中国人民、中国政府对灾区人民的这种关心和援助，用我们的实际行动体现出来，把我们中国人民对印尼人民这种友谊用我们的行动传达出去。"

队员们的事迹感动了当地人民，感动了其他国际救援队。我觉得我们救援队员就是最可亲最可敬最可爱的人。什么是特别能吃苦，特别能战斗，无私无畏的精神奉献？什么是国际人道主义精神？也许我们的行动，就是这种精神最完美的体现和诠释，能成为其中一员和大家并肩战斗，我感到很骄傲自豪。

我们每个队员之所以能够严格要求自己，是因为有一种精神在激励自己。我们肩负着国家的使命，我们是受中国政府派遣的国际救援队。我们到灾区就是来体现中国坚持履行国际人道主义援助的义务，来体现中国人民对灾区人民的各方面的实际援助。尽管我们遇到了许多意想不到的艰难困苦，甚至毫不夸张地说，是常人难以忍受的，但是队员们有一个信念，我们是代表国家出来的，我们要把国家的使命完成好。同时我们也知道，有祖国在后面支撑着我们，有祖国和人民作为我们的后盾，我们就能义无反顾地坚持下来，奋战到底！

在救灾的 14 天里，在这种精神的鼓舞下，中国国际救援队进行了高强度的救援工作。在联合国人道主义救援现场协调办公室的安排下，中国国际救援队搜救分队先后同新加坡救援队、马来西亚救援队、南非救援队与墨西哥救援队等混合编组，协助当地政府和军方进行搜救工作。最终，中国救援队先后清理出 30 具遇难者遗体。医疗分队在班达亚齐市的几家医院、军用机场营地流动医院等地分组，每天连续工作 14 个小时，并开展巡诊，给灾区发放药品并进行卫生防疫工作，共救治伤员 7000 余人次。

解决交通难题　诠释生命价值

2004 年 12 月 26 日，地震海啸发生的当天，正在福建出差的黄建发闻讯立刻飞回北京直接来到中国地震局。作为中国地震局震灾应急救援司司长、灾害评估专家、联合国人道主义事务办公室中国联络员的他，立刻与有关国际组织展开联系。当中国国际救援队到达班达亚齐的时候，他也是最早到达该受灾地区做现场评估的灾害评估专家之一。印尼的班达亚齐是受灾最严重的地区，现场情况让人感到震惊。他说以前也参加过类似的救援行动，但没想到灾情这么严重。救援队遇到很多困难，且灾情也不为外界所完全了解。

作为联络官，队员们亲切地把他称为"救援队的眼睛"。他代表中国参加了联合国现场救援协调会商讨联合行动，他还要与中国救援队负责人商量中国队需要完成哪些任务，中国队能做什么……诸多头绪系于一身。

没有国际合作就没有国际救援行动。在国际救援中，救援队需要与当地政府、联合国相关组织以及其他国家救援队相互合作，而对外联络官则负责其中协调联络。此次国际救援中，中国国际救援队被困棉兰机场，经过不懈的努力，在新加坡军方的帮助下，救援队才能迅速赶往班达亚齐。当中国国际救援队在疫区开展工作的时候，交通又成为一个重大问题。在这种情况下，各国救援队伍之间需要相互支持。新加坡和马来西亚离印尼比较近，救援队带有大量的交通工具。在救援初期交通工具还没有解决的时候，中国救援队与他们联合编队去执行救援任务，以此解决了交通的问题。

黄建发是个工作狂，一年的大半时间他都在外面出差，即使回到北京也很少回家。平时每周也难得在家里吃上一顿饭，14 岁的女儿对此已经习惯了。他把加班当成正常的，不加班、不出差反而是反常的，他常说，做这一行常处在关键时刻，只能工作，没有选择。

灾区就是战场，不经历战场的历练，国际救援队就不能说自己合格。黄建发去过很多的现场，他参加过三次国际救援行动，工作性质决定了他在出现地震灾情时必须要赶赴现场。我们到灾区现场工作会看到太多尸体，许多尸体都是残缺不全的，有的没有头，有的只能看到腿或者身体的某个部分。这些对我们心理上的冲击是非常大的。在现场工作，还有很多浓烈的尸臭味，工作结束以后，身上也会有这种味道，我们的队员工作回来可能连饭都吃不下去，有时睡醒之后这种场景还历历在目，无法消除。记得第一次在阿尔及利亚的时候，不少同事从现场工作回来都已经不能好好休息，因为灾区的场景对他们产生了强烈的刺激，这种灾难后遗症使一些队员产生了巨大的心理压力。

过去这些经历让我明白，作为一名国际救援队员不仅要能吃苦，还要有很强的心理素质去面对悲伤和死亡，要学会自我保护……每次救援过程充满了不确定性，而一支优秀的救援队就是要在不确定中实现自身目标。黄建发每去一次灾难现场，心灵就受到一次激荡，地震救援的好坏，决定许多人的生命，许多个家庭的命运。在某种意义上，救援就是在诠释生命价值，他对自己的工作倍感敬畏。

此次救援是救援队执行任务历时最长的一次，共 28 天，这对我们的体力、耐力都提出了巨大的考验。但是在这些压力面前，我们时刻没有忘记自己是中国国际救援队的一员，最终圆满完成了任务。此次救援给我留下了许多深思和启发：一是顽强的工作作风是完成救援任务的可靠保证。这次救援行动，当地气候炎热，工作环境恶劣，生活条件艰苦，尤其是装卸载、现场搜救和废墟清理，对队员的体力、耐力和心理承受能力都提出了很高的要求；二是科学的救援理念是完成救援任务的根本前提。只有始终坚持用科学的救援理念开展工作，才能得到灾区人民和国际国内众多媒体的认可；三是愉快的国际合作是完成救援任务的重要基础。注重加强国际合作，与国际救援同行携手并肩，共同战斗，才能圆满完成国际救援任务。

巴基斯坦救援

2005 年 10 月 8 日，北京时间 11 时 50 分（当地时间 8 时 50 分），巴基斯坦北部山区发生 7.8 级强烈地震，造成重大人员伤亡和财产损失，引起了国际社会的广泛关注。

10 月 9 日凌晨 2 时，接到预先号令后，中国国际救援队立即启动救援行动预案。营党委连夜挑选 19 名思想过硬、作风顽强、技术精湛、经验丰富的党员骨干，成立了搜救小分队，我成为其中一员。

此时，我心里很亢奋。经过几次救援经历，我积累了不少宝贵经验，迫不及待想在这次国际救援中大展拳脚。知己知彼，百战不殆，我和队友们一边搜集巴基斯坦风土人情和民族习俗等资料，初步了解巴基斯坦灾情及当地社情，一边连夜准备救援物资和个人物品，完成了出国救援前的各项准备工作。

9 时 25 分接到出动命令，小分队紧急出动。

10 时 30 分在首都机场与地震专家、医疗人员汇合，完成集结。

13 时 10 分乘坐国航 CA9947 包机从北京首都机场直飞巴基斯坦首都伊斯兰堡。

北京时间 10 月 9 日 18 时 55 分（当地时间 15 时 55 分），包机抵达伊斯兰堡国际机场。来到异国他乡，看到各式各样的建筑、服饰，虽然觉得新奇，但任务挂在心上，也没心情看这看那。刚下飞机那会感觉有点热，虽然来之前查过资料，知道这里属于亚热带气候，有心理准备，但还是有些不舒服。"刚来都这样，估计适应适应就好了"，我心里这样安慰自己。之后，我们迅速卸载物资，简单休整之后在当地时间 20 时 30 分出发，连夜奔赴曼色拉地区巴拉考特镇。

10 月 10 日 4 时我们抵达曼色拉的一家军营基地。救援队与曼色拉区的专员接洽之后，了解到该区东北部离震中仅二三十公里的巴拉考特镇灾害十分严重,具体情况不明。救援队马不停蹄地奔赴巴拉考特镇。在路上,我竟然有一点紧张,在心里嘀咕:从了解的情况和救援队的奔赴速度上来看,灾情可能比较严重。

12时我们到达距离巴拉考特镇1.5公里的交通中断处。途中见到成千上万的当地居民拿着简易工具去救灾,不时用担架抬下受伤人员和尸体。一幕幕惨不忍睹的场景冲击着我们的眼球。看到此景,我心里很震撼,再看看队友们,他们的神情也严肃起来。这时,我心里更加确定灾情十分紧急。我和队友们又检查了一遍装备物资,时刻准备

2005年10月10日,中国国际救援队队员到废墟下面寻找幸存者

开展救援。根据现场情况，我们将人员分成 5 个小组，除留下 1 个小组负责搭建基地外，其余各组徒步前往巴拉考特镇。

16 时 30 分，在搜救分队连续搜索 4 小时后，我所在的搜救一组来到巴拉考特镇一座两层商店的废墟。据当地居民反映，倒塌楼板的夹层内确定有幸存者，我队立即对周围 400 平方米的范围进行了警戒。先利用搜救犬确定了废墟下确实有幸存者，再利用搜索仪器定位，确定了幸存者的位置。在确定有幸存者后，气氛更加紧张起来，队友们也更加忙碌起来。"这是一条生命啊，要不惜一切代价救出来。"我在心里这样想道。

我们与前来支援的搜救二组一起迅速进行了安全支撑，清理了外围废墟，创造出安全的工作平台。现场的环境十分复杂，到处都是钢筋楼板，非常危险，而且废墟下阴暗潮湿，发出阵阵恶臭，指挥员一边提醒我们注意自身防护，克服心理障碍，一边通过翻译安慰幸存者的家属，让他们对幸存者进行安慰，协助营救。同时，根据现场的实际情况，确定了从楼板的侧面打开通道实施营救的方案，并指定了打开通道的具体位置。

17 时 50 分，我们在 20 厘米厚的楼板上用凿岩机打开了一个直径约 100 厘米的大洞，救援队队长刘向阳带结构专家率先进入废墟，对内部情况进行了勘测和分析，决定采取边掘进边支撑清理的营救方法。方案确定后，王丙全带领队员采取强行破拆的方法打开了营救通道，进入废墟内部，他们大喊着："China! China! "虽然与幸存者存在着语言障碍，但是让幸存者明白了外部的人正在救她，给她带来了坚持下去的勇气。

因为作业的空间受限，只能一步一步利用机械和人工相结合。现场情况很复杂，狭小空间内令人窒息的腐尸臭气和随处滴淌的血水，让我们恶心和呕吐。但是大家都没有发出任何抱怨的声音，冒着二次倒塌的危险，向幸存者掘进。

终于看到了幸存者，大家又激动起来，几个小时的努力终于迎来了曙光，之前的疲惫感也一扫而光。但很快大家又神情严肃起来，因为现场情况并不乐观。在掘进到距幸存者 1 米处时，我们发现幸存者是一名 30 多岁的妇女，她被夹在两具尸体之间，上部一具尸体右腿被楼板死死地压住，其背上还扎入了两块木板。根据幸存者所处位置的具体情况，我们充分考虑了现场的环境，为保证幸存者的安全，不能直接将其救出，应该先克服营救过程最大的困难——移走幸存者上部的尸体，为营救幸存者创造必要的空间。经过研究，我们决定先用湿毛巾湿润幸存者的嘴唇，然后用便装式生理盐水给她补充了水分，再利用气垫抬高楼板，移走幸存者上部的尸体，最后对幸存者实施营救。

21 时 10 分，我和队友们克服了重重困难，采用顶升、支撑等方法，将压在幸存者上部那具尸体上的楼板升起，利用剪切钳切断尸体背上的两块木板，冒着感染尸毒的危险，将尸体慢慢地移出废墟，疏通了营救通道。与此同时，各项支援工作正在紧张地进行着。由于通信联络及时，所需器材不断地被运到现场，方便救援作业。

21 时 40 分，我们展开了对幸存者的直接救援作业。当用气垫加垫木支撑，将压在幸存者右腿上的物体顶起时，又一个问题摆在眼前：幸存者处于仰面向上、头向内、脚向外的位置，按照惯例在营救幸存者的过程中，应该尽量让幸存者头部向外，便于对其进行处理。但是这样移动幸存者可能会对她造成二次伤害，可是不移动又意味着队员在向外搬运时，要对她加大保护的措施。在如此狭小的空间内，这种做法就要求队员们半跪在废墟中相互协作，一只手支撑好身体，另一只手向外移动担架并用身体保护好幸存者，一点一点地把幸存者向外移动。大家纷纷提出建议，最终选择了不移动幸存者。为了幸存者能够完全获救，王丙全和朱金德半跪在血水中，一点一点地利用担架把幸存者往外移动，经过漫长而又短暂的 30 分钟，22 时 23 分幸存者成功获救，并被及时转送至基地进行救治。

将幸存者救出的一瞬间，我和队友们累得一下子坐到地上，大家深吸了口气，终于可以放心了。这次救援持续了近 6 个小时，大家很疲惫，但此次成功营救开了一个好头，也鼓舞了全体队员的士气和斗志。

在救援第一名女性幸存者接近尾声的时候，我们又接到了一项任务，据当地一名志愿者反映，在巴拉考特镇西北角一座倒塌的废墟中可能还有幸存者。21时55分，经过近20分钟的搜索，确认幸存者仍然存活，并确定了具体位置。根据队领导的指示，决定由队员指导当地志愿者实施营救。22时25分，队员们与当地志愿者一起利用就便器材，逐步打开营救通道，卢杰带着搜索灯进入废墟内部实施营救，发现废墟下空间比较大，幸存者是一名十七八岁的少年，意识比较清醒，身体状况良好，只有明显的脱水反应和轻微的外伤，经过简单处理后，23时20分幸存者在队员的护理下安全获救。

当队员们返回基地后，已是11日1时，此时，队员们已经连续40个小时没有休息过了，18个小时内只吃了一顿饭，可谓是人困马乏，但是大家都自豪地说：为了这两名获救的幸存者，这点困难算不了什么！

震后第3天，即10月11日，当地政府建立了救援机构，法国、阿联酋、德国、西班牙和瑞士等国的救援队也陆续到达巴拉考特，联合国指定由中国担任本地区国际救援的协调人。此时此刻，我们的爱国之心和集体荣誉感爆棚，心里那个美啊：咱也算为国争光了，一定得干好！

根据救援队计划安排，中国搜救队与阿联酋救援队联合对可能存在幸存者的一栋住宅开展搜救工作。在联合搜救行动中，中国搜救队指挥人员良好的专业素养和队员们过硬的专业技能受到了阿联酋队员的推崇，其队长非常坦诚地向我队指挥员请教搜救中的行动指挥。德国救援队后来也加入行动，队员们相互交流了救援技能，搜救工作持续了近3个小时。这次行动扩大了我救援队在国际同行中的影响，增进了友谊。在后来的几天里，阿联酋、西班牙和瑞士救援队先后在我们营区周围扎营，每天行动前他们都主动要求加入我们的行列，我队俨然成为了巴拉考特地区实施国际救援的行动中心。世界卫生组织和联合国其他的救援组织陆续进驻巴拉考特，均对中国国际救援队的表现给予了很高评价。

11日中午，巴拉考特上空的云层逐渐增厚，营地通过对讲机询问各个搜索小组是否需要提供雨伞支援，队员们担心手里打着雨伞会影响搜索进度，全都表示不需要。不多时，风雨大作、电闪雷鸣，但各搜索小组仍然冒着暴雨坚持搜救。救援队队员本着"一切为了灾民"的精神开展工作，因此也赢得了灾民的信任。有一名叫沙迦德沙的商学院大学生表示，中国朋友在巴拉考特民众最困难和最需要的时候来到这里，令他极为感动。只要中国国际救援队在当地开展工作，他每天都会步行好几公里到营地来帮忙。

巴拉考特是巴基斯坦西北边境东北部的小镇，位于喜马拉雅山西部边缘，当地基本上是海拔两三千米的山区，距离巴控克什米尔首府穆扎法拉巴德约 60 公里，是巴基斯坦此次遭受地震破坏的重灾区。这个约 40000 人口的小镇，90% 的建筑物在地震中受损，伤亡居民达到 70%。这次救援基本上是在山区进行，当地温差较大，中午气温高于 30℃，夜晚则降至 10℃ 以下，而且天气变化较大，经常雨雪交加。

屋漏偏逢连夜雨，真是怕啥来啥。正在救援队紧张救援时，10 月 12 日，巴拉考特当地突降大雨，一直持续到下午 5 点，并同时伴有狂风，灾区环境进一步恶化。许多灾民跑到没有完全倒塌但已被严重破坏的房屋里躲雨，由于灾区不断发生余震，躲雨的灾民又面临新的危险。此时此刻，我们心里焦急万分。按照联合国搜救指南的要求以及救援常识，幸存者在地震发生后 5 天内都有生还的可能，此时的暴风雨为我们救援带来很大的不便，但对生命的探索让我们不能停歇。因此，虽然狂风暴雨大作，但救援队发挥了特别能吃苦、特别能战斗的作风，仍然冒雨展开搜救行动。

11 时 25 分，搜救二组在搜索废墟时，在当地驻军和群众的协助下，确认巴拉考特镇北部山地一幢倒塌的建筑里面有一名十几岁的男孩被困在 3 根水泥房梁斜撑的空间内。搜救人员在营长的带领下，采取强行破拆营救的方法，将凿破、剪切、扩张设备相结合打开营救通道，12 时 13 分将被困的男孩顺利救出。

12 日 18 时 30 分，我驻巴基斯坦使馆张春祥大使一行从 100 公里外的伊斯兰堡赶到驻地看望全体队员。张大使首先转达了胡锦涛总书记和温家宝总理等党和国家领导同志对救援队的亲切慰问，代表祖国和人民向中国国际救援队表示问候，并带来了我们急需的饮用水等生活物资。

13 日中国地震局和总参谋部联合发来慰问电，对救援队员在巴基斯坦地震灾区开展的卓有成效的救援工作给予了充分的肯定，并且勉励队员牢记党、国家、军队和人民的重托，团结奋斗，顽强拼搏，不怕困难，再接再厉，在其后的救援工作中取得更大成绩。

2005 年 10 月 20 日 3 时 10 分，我们安全顺利返回北京。

此次救援，我们全体救援队员和所有装备物资于 10 月 10 日 15 时到达巴拉考特镇，成为到达该灾区的第一支国际救援队伍，在完成人

利用蛇眼探测仪搜索废墟下的幸存者

道主义救援任务后，救援小分队于 10 月 20 日 4 时 40 分安全返回营区，历时 12 天。这次行动是我们执行国际救援任务准备时间最短、出动最快、搜救任务最重的一次，也是第一次在山区执行救援任务。我们协助当地政府和人民迅速展开救援工作，救治了大量受灾群众，成功地解救出 3 名幸存者，并为当地救援组织确认了 20 余个尸体压埋处，清理尸体百余具。

这次赴巴基斯坦救援，是救援队第四次执行国际救援任务。每次出队到异国他乡，我们都以救助幸存者、帮助灾民为己任，正如队员张健强所说："我们所做的工作看起来很小，往大了说则是代表着我们救援队，代表着我们国家！是非常有意义的！"此次到巴基斯坦，大家忘我地工作，自觉地把个人有限的行动融入救援的大事业中，用行动来说明一切！我们每到一地都会有群众过来问候，每到一处都会听到"感谢中国""巴中友谊万岁"等亲切的话语。一名叫阿布杜拉·可汗的少年代表他们家族（家族成员在巴拉考特有 200 余人，地震中丧生 50 余人）用流利的英语说："中国是巴基斯坦最友好的朋友，我们为中国感到自豪。"这句话代表了很多巴基斯坦人民的真实感受。特别是 10 月 12 日上午出发前，我们得知神舟六号成功发射的消息后，群情激昂，精神振奋，无比自豪，我们深深感到无论走到哪里，祖国和人民都是我们最坚强的后盾。

救援任务圆满完成，国内外都给予了高度评价。我和队友们沉浸在欢呼声和赞誉声里。在我们内心深处，觉得自己的辛苦付出得到了大家的认可，努力就没有白费。我作为其中的一员，想告诉大家：不身临其境，根本想象不到队员们面临着怎样的困难，想象不到我们有多么艰辛的付出！

灾区气候昼夜温差很大，工作环境复杂，生活条件艰苦，对每名队员来说，无疑是一次全方位的综合考验。特别是现场搜救和废墟清理等行动，对我们的体力、耐力和心理承受能力都提出了更高的要求。面对一堆堆废墟瓦砾和一具具高度腐烂的尸体，令人窒息的尸腐气味，极大地冲击队员们的神经，大家丝毫没有退缩，哪里有急难险重的任务就冲向哪里，以超越身体极限的巨大精神力量，经受住了恐惧和危险的考验。特别是在营救第一名幸存者时，现场环境异常复杂，在救援的整个过程中，哪怕是多抬升 1 厘米，剪错一根钢筋，都可能引起灾难性的后果。我们依靠平时近似实战的训练，以过硬的技能顺利地完成了救援行动，向祖国和人民交上了一份合格的答卷。

救援队除携带了装备物资外，还携带了许多药品设备，从出发到抵达灾区，十几吨的物资转运多达 4 次，物资转运任务相当艰巨。为了确保救援器材和药品设备完好无损，我们对每次物资转运工作都坚持做到了严密组织，科学分工，一干就是十几个小时，每天都是一身汗一身泥，体力消耗过大，身体极度疲劳，有的手磨破了，有的虚脱了，但没有一人叫苦叫累，确保了物资运输和转机工作紧张有序，忙而不乱，未发生任何事故和物资遗失现象，所有救援物资安全抵达灾区，为后续工作打下了坚实的基础。

除了要完成搜救任务外，队员们还要担负整队的综合保障工作。面对携带物资数量多、种类多等情况，队员们对基地进行了严格规范管理，先后建立了洗消区、工作区、生活区和保障区，利用就便器材搭建了临时厕所、晾衣场和生活垃圾处理设施。在巴基斯坦救援期间，队员们每天都要保障生活用水，对基地进行维护和完善，对各个帐篷进行安全检查和卫生清理，24 小时全天候对基地进行安全警戒。大家白天要完成现场搜救、废墟清理和综合保障等任务，晚上还要完成警卫执勤任务，平均休息时间每天不到 5 个小时。为了搞好伙食保障，保障人员精心筹划，始终做到合理消耗、科学调节，确保了每名队员及随队记者们吃好吃饱。在救援间隙，营长自己动手制作后勤保障工具——漏勺、炊具支架等，令随队专家称奇不已，连长王丙全动手做的饭菜让记者们赞不绝口，队员的吃苦耐劳精神更是令全队人感动不已。赵和平不止一次说："我们队员太可爱了！"此外，队员们还积极协助专家、医生和随队记者做好通信、医疗电力、照明等保障工作，为全队完成救援任务提供了强有力的保证。

在救援队实施人道主义救援的过程中，救援队尊重当地政府，尊重当地民俗。当地群众有亲手将亲人遗体掩埋的风俗，加之遇难者家属不相信亲人就这样离开了自己，所以搜索小组所到之处群众纷纷要求前去确认自己的亲人是否幸存。几天来，我们共确认了 20 多处废墟的遇难者，其中包括 7 所学校的 500 多名学生，为当地人员救援工作的进一步展开提供了可靠依据。同时，对于压埋的受难者遗体，搜救队员根据受难者家属的要求，利用装备技术优势，从倒塌的建筑物中挖掘出受难者的遗体百余具。

由于连日的劳累，加上日夜温差较大，十余天来有 6 名队员感冒，2 名队员被硬物划伤，但是没有一个队员要求休息，都毫无保留地把问题留给自己。队员刘刚在余震中腿受了伤，刘小慧更是隐瞒着妻子即将分娩的消息参加救援，还有很多很多这样的感人事迹。这次救援带给我的不仅仅是救援经验，更多的是感动，是团结协作的精神，是不抛弃不放弃的执着，是为荣誉而战的自豪，是奋不顾身的冲锋……这些，一直伴随着我的救援之路。

印度尼西亚日惹特别自治区救援

北京时间 2006 年 5 月 27 日 6 时 54 分，在印度尼西亚日惹地区发生了 6.4 级强烈地震，造成大量人员伤亡和建筑物倒塌。我团接到预先号令后，及时召开了部署会，按救援队战备方案，迅速收拢人员、启封装备、准备器材、进行思想教育和动员工作，确定我及其他 7 名队友组成出动救援小分队，赴重灾区班图尔县执行救援保障任务。

因为执行过巴基斯坦救援工作，这次接到任务，我没有太过紧张。按照惯性和要求，我们预先了解基本灾情和当地人文风俗。可真正了解完情况，还是让我心里多了一丝忐忑。当地跟巴基斯坦民情不太一样：巴基斯坦跟中国非常友好，说得直白点，跟哥俩似的。可我们要去救援的班图尔是历史上排华严重的地区。可以说，这类情况是我们之前没遇到过的，我心想：这又是一次新挑战。对此，上级对出国执行救援任务时应注意的一些政治事项提出了明确要求，对救援队员进行了专题教育，还给每名队员配发了《救援队涉及法律法规摘编》，要求队员们做到遵规守纪，并且组织队员对灾害现场可能遇到的情况进行了预想，及时修订救援方案，为到达救援现场迅速有效展开救援工作奠定了基础。

北京时间 5 月 29 日 18 时 30 分，救援小分队从首都机场起飞，5 月 30 日 0 时 30 分飞机降落在爪哇岛中部梭罗市，先后卸载了 8 吨后勤装备物资、6 吨医疗物资。爪哇岛风景宜人，是个旅游胜地，可是我们没有时间停留，立即转运至日惹灾区。30 日早晨抵达日惹班图尔县，据有关部门通报，班图尔县是日惹受灾最为严重的一个县。一路奔波中，我们看到的是遍地废墟和惊恐的难民。道路上满目疮痍，到处是破木砖瓦房。有的楼体像是被刀从中间一刀切断，还有一些带有宗教色彩的建筑也成了一片瓦砾。来之前我们查过资料，在开进途中也看到，无论是爪哇岛还是班图尔都是风景优美的旅游胜地，可是天公不作美。这样美丽的城市遭此厄运，我们深感惋惜，想立刻投入到救援工作中去，尽快抢救这座美丽的城市和灾难中的人民。

到达现场后，我们的灾害评估专家首先对灾区的灾情进行了快速评估，获得了灾后的损失情况及其分布情况，为灾区救援和灾后恢复提供了基本依据。

5月30日上午在班图尔搭建营地的同时，我们把全部物资卸载、搬运后进行了分类。救援队除携带了装备物资外，还携带了许多药品设备，从出发到抵达灾区，14吨的物资转运多达5次，物资转运任务相当艰巨。一干就是几个小时，体力消耗过大，身体极度疲劳，有的队员手磨破了，有的虚脱了，还没有开始救援，我就已经体会到了此次救援的不易。

接下来准备构建和完善基地，我们讨论后决定将基地建在班图尔城郊的一所宗教学校内。大家克服高温、饥饿和疲劳，在4小时内搭建3顶网架帐篷、8顶84A帐篷、1顶充气帐篷，建立了工作区、生活区、保障区和休息区，并对营地的设施进行了完善，做到了通水通电，保障基地功能基本齐全。一切准备完毕，进到帐篷里就不想动弹了。当地气温较高，我们身体上有些不适，但是身体上的不适可以克服，心理上的不适就有些复杂了。

为了减轻这种不适感，进入基地后，我们就接手安全保卫工作，24小时负责基地安全。基地面积300平方米，是开放式的，周围有密集的居民，有4个重点警戒部位，安全任务非常繁重。我们采取白天单人巡逻值班、晚上轮流站岗的方式组织安全保卫，在大家的共同努力下，没有出现任何安全问题。

6月1日，我们在班图尔受灾最为严重的伊莫杰瑞镇进行搜索。在搜救的过程中首次使用了雷达生命探测仪，配合使用光纤影像生命探测仪、部分破拆装备，对4处废墟进行了详细的搜索。工作近两个小时，确定此地没有幸存者，为下一步灾后清理、重建工作提供了依据。

6月14日，全天的工作完成后，也就结束了救援队的各项救援工作。

6月15日，开始撤离，10小时内我们完成了帐篷的卸装、全部

2006年6月1日中国国际救援队在印尼日惹伊莫杰瑞镇一建筑内实施仪器搜索
（从左至右依次为王念法、杜祥磊、叶国德、卢杰）

器材的整理装箱、部分食品及保障设备的清理搬运等工作，并把全部物资转运3次，直到16日9时完成起飞前全部物资的装运，安全圆满地完成了救援队历次出动以来最复杂的救援任务。

此次救援从5月29日18时30分从首都机场起飞，到6月16日17时圆满完成紧急救援任务，奉命回到北京，历时19天。这次灾情突发性强，灾区现场破坏严重，环境恶劣，我们在人员少、任务重的情况下，始终保持了严明的纪律、高昂的士气和旺盛的斗志，圆满完成了人员集结与物资准备、救援物资装卸、基地构建与安全保卫、现场搜救和后勤保障等工作，受到了灾区人民和中国地震局领导的高度赞扬，为祖国赢得了荣誉，为军队增添了光彩。中央电视台、新华社、人民日报等多家国内外媒体，分别对这次救援行动进行了特别报道。

汶川 8.0 级大地震救援

2008 年 5 月 12 日 14 时 28 分，注定成为每一名中国人刻骨铭心的记忆。这一刻，四川省汶川县发生了新中国成立以来破坏性最大、波及范围最广的 8.0 级地震，地震影响到全国十多个省区市，造成数十万人伤亡。

四川汶川，北纬 31°、东经 103.4°，转瞬间成为全世界的焦点。

危急关头，党中央发出了紧急号令！中共中央总书记胡锦涛立即作出重要指示，要求尽快抢救伤员，保证灾区人民生命安全。胡锦涛总书记、温家宝总理等党和国家领导人还赶赴灾区指导抗震救灾，慰问受灾群众。

风雨之中，数十万救援大军火速向灾区挺进；

大江南北，唱响了新中国成立以来抗震救灾的最强音。

一条条绿色的生命通道，在奋力救助中打开；

一个个脆弱的生命，在众人协力下获得重生。

灾情就是命令！中国国家地震灾害紧急救援队在第一时间动员起来，肩负重任、火速赶赴灾区。我有幸参与此次救援，成为众多救援力量中的一员。在大灾大难面前，我深刻感受到我们国家之强大、民族之强大。同时，13 亿中国人民以及广大海外华人、华侨和国际友人参与的救灾行动，绘就了一幅世界人民大家庭的壮阔图画。谨以救援日记，献给所有关心抗震救灾斗争的伟大的中国人民、华人华侨和国际友人！

★ 救援日记 ★

5月12日　晴转雨　星期一　北京—都江堰

2008年5月12日14点52分，我正在中国地震应急搜救中心的办公室里整理《国家地震救援训练基地训练安全手册》，突然办公桌上的手机响了，打开一看是中心发来的信息："四川汶川发生8.0级地震，中心启动一级应急预案，请现场工作灾评组队员和应急救援队员马上到三楼会议室集合。"当我跑到门口时，看到大家正以最快的速度直奔三楼会议室，进入会议室后，中心领导迅速传达灾区灾情，并命令现场工作灾评组队员和应急救援队员迅速准备个人物品……因为我家离单位较远，已经没有时间回家打招呼了。

15点40分，我和卢杰去装备库房取救援服装，不去现场的同事忙着为我们封箱打包。

15点50分，我们把领取来的救援服装拿到四楼会议室，大家迅速换上，换下来的服装也没来得及叠整齐，便直接放到书柜里。

17点00分，赴灾区人员在楼下集合，搜救中心吴建春主任等同志为我们送行并对我们说："同志们，四川汶川发生8级地震，此次灾评及救援任务非常重，希望同志们在大震面前发扬迎难而上、不怕艰苦、连续作战精神的同时，还要注意自身安全，向党和人民交出一份合格的答卷，我们全体人员期待你们凯旋。"

18点05分，我们到达丰台南苑机场。此次赴四川汶川灾区的国家地震灾害紧急救援队员共187人，其中中国地震局3人，分别是尹光辉、王志秋、周敏；中国地震应急搜救中心8人，分别是曲国胜、张鹤、司洪波、索香林、卢杰、李尚庆、王建平和我；北京军区某部154人；武警总医院22人。

20点04分，两架大型军用运输机装载完毕。

20点15分，飞机起飞。

22点36分，飞机降落在成都太平机场。

22 点 50 分，卸载装备物资，成立临时党支部。

23 点 16 分，国家地震灾害紧急救援队王洪国总队长向全体救援队员进行车辆划分。

23 点 50 分，车辆向都江堰灾区开进。

5 月 13 日　大雨转中雨　星期二　都江堰

1 点 10 分，我们到达都江堰成灌高速路收费站，四川省地震局李广俊副局长把灾区情况作了简单汇报，随后确定搜救地点为两个，救援队划分为两组分别施救。一组由尹光辉、王志秋、刘向阳和二支队组成，负责前往都江堰市中医院实施搜救，我被分配到该组；二组由王洪国、周敏、曲国胜及其他人员组成，负责前往聚源中学实施搜救，我的同事卢杰被分配到二组。

2008 年 5 月 12 日国家地震灾害紧急救援队登机奔赴汶川灾区

2点48分，当我们的车驶进都江堰市中医院，眼前一片废墟，武警官兵正在忙着用大型机械吊起废墟上的预制板。我们分成两组马上开始行动，一组是人工搜索，另一组是犬搜索。我是负责人工搜索的，当我们展开搜索时天上下起了大雨，但我们任凭雨水的浇灌，丝毫没有放慢速度，因为大家只有一个目的，就是尽快搜索到受困者，尽快确定受困者的具体位置。我在废墟上不停地大喊："有人吗？有人在吗？"当我搜索到住院部时，听到废墟下面有人回应："有人！我在这，快点救我！"听着是名女孩的声音，她正被楼顶的楼板及砖块埋压着，于是我赶紧问她："你旁边还有人吗？"她说："有！我的父亲还在这"。我告诉她："我们是国家地震灾害紧急救援队的，是专门来救你们的，请你不要惊慌。"我接着又问："你们有没有受伤？"她说："有！我的头部在流血，我父亲的腿被预制板压着了。"基本了解他们的受伤情况后，我对她说："从现在开始请你不要说话，要保存体力，配合我们施救。"她说："好的！"

我把女孩的情况作了汇报，我们迅速制定了营救方案，把8人分成两组，每组4人，一组负责去废墟找出最佳营救点，另一组准备器材。为了防备救援时发生大的余震，我们设立了专门的安全员，把半瓶矿泉水放在一个比较平的地方，安全员就用眼睛一直盯着瓶子里的水，如果有余震，就给我们大声示警，我们便迅速撤出，何红卫和胡杰负责清理现场的瓦砾，我负责连接营救器材……时间就这么一分一秒地过去，我们距受埋者的距离越来越近……

5点13分，中医院另一个营救点的张健强报告说："在中医院营救出幸存者一名。"我们还没有来得及向他祝贺，就听见安全员说"有余震！"我们第一时间撤出了废墟。

余震过后，我们又一次进入废墟，我用手电往女孩被困的位置照去，问："能看到手电筒的光吗？"她说："能看到"。此时我离她的位置也就一臂长的距离，能看见她是被门压在下面不能活动。因为营救空间有限，门不能直接搬走，也不能锯，因为用锯就有可能伤到她，最安全的办法就是扩开废墟内部的营救空间，我们一边清理废墟内部的

正在都江堰新建小学实施营救的救援队员

瓦砾，一边做好支撑。随着时间的流逝，我看见女孩的一只脚在动，与此同时对讲机里尹光辉沙哑的声音在叫我："王念法，收到请回答。"我说："收到，请讲。""把中医院的营救工作安排一下，赶快到新建小学来！"于是我迅速赶往新建小学，其他成员继续施救。

6点55分，我快速跑到新建小学的大门口，还没等我开口，尹光辉就对我说："念法，快去学校。"我一听就知道是有什么大事，还没有来得及喘口气，就直奔学校。跑到教学楼前，只见原来的四层教学楼在地震后变成了一层，摆在眼前的就有十多具孩子的尸体，真的太悲惨了。这时王志秋说："王念法快去救那个。"只见一名护士高举着一瓶液体，正不停地对被预制板压着手的女孩说："不要害怕，姐姐救你来了。"旁边的一名解放军战士正在用撬杠努力地撬着预制板。我跑到孩子的身旁，只看见孩子的脸上全是泥沙，三分之一的身体在另一块预制板下，身旁的桌椅被砸得乱七八糟，我让一名志愿者搬来几块

103

砖，把孩子右侧的楼板支撑好，再找来一块木板挡在孩子的头上起保护作用，避免孩子受到二次伤害。只听她哭着说："我要妈妈，我要妈妈。"我赶紧安慰道："妈妈在外边等你呢！别害怕，你是最坚强的孩子。"

我把压在书包里的书本一一抽出，边抽边做好支撑，再对两个队友说："听我口令，我喊到三，你们用最大的力气往下压撬杠。开始，一、二、三！"这时预制板稍微往上抬高了几厘米，我大声喊："担架做好准备。"

当我把孩子的手从预制板下抽出时，看见她的手已经被预制板压扁了，我的心真的很痛……

7点20分，这名被预制板埋压左手的孩子得救啦！

7点21分，只听王爽在喊："念法快点过来。"我跑过去后，看见一名女孩的腿被下落的横梁砸着的课桌压着，疼痛让她不停地哭，我温柔地对她说："听叔叔的，不哭了好吗？你是乖孩子……"也许是实在太疼了，女孩还是一个劲地哭，一旁的王爽开始给她讲故事，慢慢地稳住了她的情绪。我迅速用止血带绑住她的腿部，再利用原先连接好的液压剪剪断课桌的支架，最后轻轻地把她的腿从被剪断的课桌下移出。

8点16分，这位女孩得救啦！

此时我的身上混杂着雨水和汗水，两腿有些发抖，还没顾得上休息一会儿便听到司洪波工程师叫我："念法过来一下。"原来是一名男孩被困在废墟下。塌落下来的横梁砸在课桌上，课桌的木面和钢架一分为二，这个男孩被压在下面。要想把男孩从课桌下救出非常困难，因为课桌被横梁压住，而且也不能够移动别的课桌，只能利用扩张器施救，我先把扩张器张开，放在要挤压的部位，一步步地扩张，慢慢靠近男孩。男孩对我们说："叔叔，我出去后你能给我买冰镇雪碧吗？"我说："好的，叔叔还要请你吃好多好吃的东西……"旁边又传来一个女孩的声音："叔叔，我也要喝。"循声一看，原来男孩的右侧躺着一名已经去世的女孩，而她的旁边就是那个也要喝雪碧的小女孩，她叫

孩子，你安全了！

王佳洪，司洪波兴奋地说："好，好，也给买……"这时我和队友迅速启动液压泵，打开输油阀，利用聊天的工夫，把压着小男孩脚上的课桌架给夹扁。

8点49分，男孩被成功营救。

下一步要想救出女孩，就必须把挡在她外边的尸体给转移走，我们把压在尸体周围的课桌钢架全部剪断，再用尸体袋轻轻地把尸体移出废墟……

9点10分，温家宝总理、马凯秘书长来到新建小学，国务院有关部委领导及中国地震局副局长刘玉辰陪同到地震现场。尹光辉向总理汇报了国家救援队的救援情况，随后总理亲自来到施救现场对我们说："同志们，你们辛苦了！这支队伍是专业化的救援队伍，在地震中发挥了重要作用，希望你们发扬克服困难的精神，科学施救，营救出更多的幸存者。"温家宝同志在现场与李雨晴和赵基松两名被困学生交谈，鼓励他们得救后要好好学习，两名同学向温总理保证，绝不辜负总理对他们的期望。看着被困困的两名孩子，总理的眼睛湿润了……总理在救援现场足足待了20多分钟才离开，这极大地激励了我们所有救援队员的斗志。

9点38分，王佳淇被成功救出。

9点50分，李雨晴被成功救出。

10点03分，赵基松被成功救出。

10点08分，王佳淇、李雨晴和赵基松被急救车送往医院后，救援队第一时间向中国地震局汇报施救情况，并通过有关部门报告给温总理，这两名孩子已成功救出，让总理放心。

"我要喝水、我要喝水……"这是一个小女孩的声音，她正趴在地上，左手和左腿都被凳子压着，背上是书包，右侧是倾斜的预制板，看状况这名女孩比前几名孩子的营救难度都大。我问她："你叫什么名字？"她说："我叫沈桂芬。"司洪波拿来了生理盐水及输液导管，我把输液导管的一头放到女孩的嘴边说："手不能动，用嘴吸，知道吗？""知道，叔叔。"

紧接着我把她书包里的书一一取出，然后用手动锯把压着她左手最下面的凳子腿锯断，再用止血带系了一个环套在她的手和脖子上，这仅仅是营救的第一步。再往里无法去锯压在她左腿的凳子腿，因为够不到，我发现她身上的横梁与另一根横梁中间大约有15厘米的距离，这让我好像看到了救命稻草一样，决定从上面往下施救。但是在横梁上还有一具露在外边的尸体，这具尸体的脸和背都朝着下方，场面相当惨烈，我和司工小心翼翼地把尸体放入尸体袋后移交给武警官兵。看着横梁上遇难者的血迹，我也顾不了那么多了，直接趴在横梁上找到最佳营救点后，用一根撬杠轻轻地把压在沈桂芬左腿上的凳子撬松，然后用绳索套在凳子腿上，最终把凳子腿拉断了。

12点07分，沈桂芬被安全救出。

我们忘记了疲劳，忘记了饥饿，本着救人是重中之重的信念投入到下一步营救工作中，随后我们又救出了3名幸存者。

就在新建小学的营救工作接近尾声时，王志秋用他那沙哑的声音说："让搜救犬再次确认有无受困者。"经搜救犬再次搜索没有发现受困者后，按上级命令我们迅速前往绵竹汉旺镇继续进行搜救。

17点05分，我们和营救聚源中学的队友们会合。我询问卢杰在聚源中学的救援情况，他告诉我共营救出高颖等5人。这样，5月13日我们共营救出24人。这时天空依然下着雨，我和队友们的衣服依然是湿漉漉的，可我们毫不在意，因为我们是救援战士，要对得起我们这身橘红色的战袍。

23点53分，我们到达绵竹汉旺镇。

5月14日　小雨转晴　星期三　绵竹汉旺镇

0点15分，我在高厢车里刚整理完昨天的日记，就听见王志秋那沙哑的声音传来："王念法快点下来。"同时下车的还有救援队的队友，这是我们新的营救地点——东汽中学。我们来到东汽中学倒塌的教学楼前，看见此楼大部分坍塌，就剩下两边的墙体，墙体上还有悬挂的楼板，如果再有大的余震，悬挂的楼板就有可能出现塌落的危险，在此救援的消防队把接下来的营救任务移交给我们。

我走到被压埋的男孩面前，询问他叫什么名字，他说："我叫江涛。"我看到他手臂上已经打上点滴，但身上还压着大型砖垛和横梁，随即走到王志秋身旁沟通详细的营救步骤。王志秋问我："需要多长时间？"我说："至少需要6个小时。"我找了一个旧被子盖在江涛的身上，然后用木板挡在他的头上以防落下来的瓦砾砸到他的脸上，再利用塌落在废墟上的木材把大的横梁支撑好，以防余震塌落。接下来用手动破拆工具把大型砖垛上的砖块一块一块往下凿，朱斌用手接着往外运，因为此空间只能容单人操作，我们便轮流上阵，经过大家的不懈努力，

绵竹汉旺镇东汽中学废墟

我们离江涛越来越接近……

6点40分，江涛被成功救出。

7点整，从楼房的后边传来求救声，张健强通过窗户进入到废墟里了解受困者的情况。房间的墙体大部分有裂缝，还有砖墙突出，营救情况非常危险。受困者是个女孩，上半身露在外边，两腿被掉下来的砖瓦压埋，同时压在腿上的还有四具遇难者的遗体。情况了解完毕后，我说："首先要把铁窗全部剪断，再找来两块木板用扒钉把木板钉在一起放在窗沿上，这样方便我们出入。"志愿者找来大的方木，张健强、何红卫利用方木对墙体及横梁进行支撑，安排妥当后，我便转到下一个营救地点，废墟的另一边，一个叫魏玲的幸存者被压埋得很深。

在营救魏玲的过程中遇到了大的余震，卢源泉和杨阳在快速撤离时，一脚踩空受了伤。

12点10分，魏玲被成功救出。

因为废墟上有大型的建筑构件，导致我们的营救工作受到了一定程度的制约，要想把废墟下的受困者救出，必须把大型的构件移走。这时有一位成都志愿者帮助我们协调大型机械，他负责指挥吊车、拴钢丝绳及大型构件吊出后解钢丝绳……

围观的群众在焦急地等待自己的孩子早点从废墟中被营救出来，可是大型构件还没有清理完毕，这时有的家长情绪有些激动地说了些过激的话语，我和张庆山同志想着必须先稳定群众的情绪，便对群众说："我们理解你们的心情，请你们一定要配合我们，你们看，大型机械正在吊出大型构件，只要大型构件吊完，我们就立即实施营救。"

我和张庆山在救援现场制定营救方案

当大型构件越来越少，只听见废墟的楼板下面有人在呼救："救我、救我……"

顺着呼救的声音，我们确定了受困者的具体位置，马上安慰受困者："你不要说话，保存体力，知道吗？我们是国家地震灾害紧急救援队的，你很快就能被救出来，先告诉我你的名字。"他说："我叫李春阳。""好的，给你一瓶矿泉水，不要全喝，口渴时就喝一小口。"当时他已经三天没有进食了，挡在他面前的是断了的预制板，钢筋也露在外边。我先用液压剪把露在外边的钢筋剪断，再用扩张器放在剪断钢筋的部位，手往右一拧，只见两边的楼板缓缓向两侧移动，扩到一定空间后我爬到压埋李春阳的预制板下，只见李春阳头朝里、脚朝外、

营救东汽中学学生魏玲

胳膊被倒塌的砖块压砸着不能动，在给他进行简单捆绑后，我认真地对他说："出去时一定要闭上眼睛，以防外边的阳光刺伤眼睛。"

16点50分，李春阳终于告别了困了他三天的废墟。

天慢慢黑了，照明灯亮了起来，我们的救援工作还在紧张地进行着，周围被武警官兵隔离在营救区外的群众丝毫没有离开的意思，他们都在默默等待，等待他们的孩子。

20点27分，张岩被成功救出。

此时，我已经连续62个小时没有睡觉了，说句实话，我真地很困。此时已经是23点48分……

5月15日　晴　星期四　绵竹汉旺镇

2点20分，我和李尚庆正在睡觉，忽然听见对讲机里王志秋的声音传来："王念法、李尚庆快点起来，快来我这看看，快点把卿静文救出来。"我迷迷糊糊地睁开眼睛，尽管眼睛生疼也顾不了那么多，只是用手揉揉，叫上李尚庆迅速赶到救援地点。只听张庆山说："念法怎么又起来了？"王志秋随即回答："有念法在，我放心。"听到这句话，我心中很是感动，也很珍惜他们对我的这份信任。

我看到房间内已支撑完毕，有两个人正在从外往里清理瓦砾。不对！这样太危险了，要是再有塌落，别说救人了，就是连我们自己的安全也没有保障。于是我让他们改道从废墟顶部往下清理，在清理过程中要有个斜坡，因为瓦砾不会塌落。但当我们清理到压在卿静文腿上的尸体时，她忽然对我说："叔叔我想睡觉。"我赶紧叫王爽陪她聊天，因为我怕她睡着后就再也醒不过来，我们争分夺秒，用最快的速度清理压在她腿上的尸体。

6点30分，卿静文成功获救了。

6点50分，王志秋让我回去吃饭。我来到高厢车旁时，看到40名队友都整装待发，原来他们要坐车去凤凰机场，然后飞往重灾区汶川县。我和队友们一一告别，道声保重。8点钟他们发车赶往机场。

此时，我和叶国德还有几位训导员及搜救犬前往东汽机厂进行搜索。10点40分，中国地震局局长陈建民同志来到东汽机厂看望我们并询问了救援的实施情况。经过我们的反复搜索，此处没有发现新的受困者。

15点20分，我和叶国德来到东汽中学营救被塌落的预制板压着脚的高二（六）班苣柯同学。我先让大型机械把周围的预制板移走，然后用扩张器把压在他身上的预制板顶升到有一定的营救空间，再用垫木把顶升的预制板支撑好，随后爬进去，观察现场的具体情况。在确定预制板只有一个角压在他的脚面上后，便用扩张器在里边顶升大约10厘米，叶国德迅速用垫木把压在苣柯脚上的预制板支撑好，方便抽出他的脚。

19点52分，苣柯成功安全地被救出。

还没来得及休息调整，我和叶国德又爬进了薛枭的受困地点。虽然队友们清理出了营救空间，可还有半块预制板压在薛枭的右臂上，但是不能用机械把这半块预制板吊出来，因为这样会引起垮塌。我建议把预制板下的废墟掏空，然后把预制板向上顶升10厘米，当我正在操作时，突然听到薛枭说："叔叔，我口渴，想喝水。"我说："别急，再坚持一会，等你出去了，叔叔给你买可乐喝，还是大瓶的，行吗？""行，最好是冰冻的。"我被"最好是冰冻的"这句话逗乐了。薛枭头部上方有一根横梁，正好可以起到支撑作用。正在这时，我听到横梁的另一侧传来一名女孩的声音："叔叔，薛枭怎么样了？"原来还有一名受困者被困于废墟内。于是我和张健强分头实施营救，我负责营救横梁另一侧的受困者。"能听得到吗？你叫什么名字？"受困者说："能听到，我叫马小凤。""你有没有受伤？""没有。""好的，知道了，你周围是什么情况？""我周围是课桌，有一定的空间。"

我先清理通道，头顶上方是一具被预制板压着的尸体，右侧也是一具被预制板挤着的尸体，下边遇难者被预制板挤压着正流着鲜血，现场场景惨不忍睹。慢慢地我把营救通道打通了，看见上面的预制板和下面的预制板只有 20 厘米的空间，这点空间马小凤是爬不出来的，只能先在一根大约 3 米长的棍子一端绑上一瓶矿泉水，把盖子拧松递给马小凤喝，避免她脱水。本想用小锤敲击预制板的一角，但是这样营救速度太慢，不利于实施，最可行的办法是用木材支撑好她头顶上的预制板。我找来一根输液导管，爬进去递给马小凤，让她量一下头上的楼板到下边的距离，量好后，我快速用链锯锯了 5 根木材，再递给马小凤说："你顺着我的手电指的方向支上这几根木材。""不行叔叔，太长了。"马小凤还开玩笑地说她刚才过于激动量斜了。我把木材又锯掉 10 厘米，再次爬进废墟。等支撑完毕后，我让队友连接好扩张器，因为她的头部上方

东汽中学学生马小凤在被几张桌子支撑的情况下，身体无任何伤害

是4块预制板，下面是地板的单层预制板，我只能利用上面预制板的重量，再通过扩张器把下面单层楼板强行扩断，营救通道终于打通了。这时，马小凤说："叔叔，你给我在这照张相吧！我要记住这个时刻。"拍照时看着她那瞪得圆圆的眼睛和脸上露出的淡淡微笑，真想让这个开朗的孩子能够尽快离开废墟，重新看到外边的世界，呼吸外边的新鲜空气。

"叔叔，出去后我还能走吗？"我说："可以，不过你得听叔叔话，一会儿我要把你抱上担架，你要配合我的一切行动。"当我抱着马小凤走出废墟的那一刻，围观的学生家长和记者鼓起了雷鸣般的掌声，又一个生命从废墟中被安全营救出来了，这是多么激动人心的时刻呀。

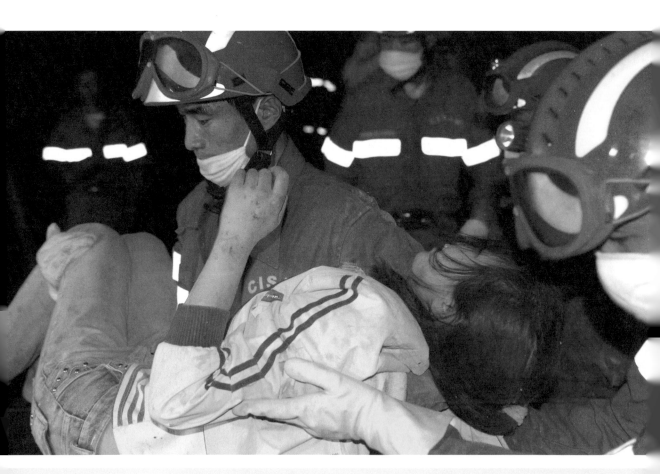

成功营救出受困者马小凤

我把马小凤抬到急救车上，她说："叔叔，你能把联系方式给我吗？"我说："当然可以。"给了她通信地址后，我对她说："你要好好学习，将来报效祖国。"

22点28分，马小凤被成功救出。

23点05分，薛枭被成功救出。

经过仔细搜索没有再发现幸存者后，我们撤回到了停在路边的车队那里休息。因为我们没有搭建基地，只能在车里和路边睡觉。16日0点25分，我的眼睛已经睁不开了，从车上取来睡袋及毛毯，和司洪波、张鹤随便把毯子一铺，倒地就睡。

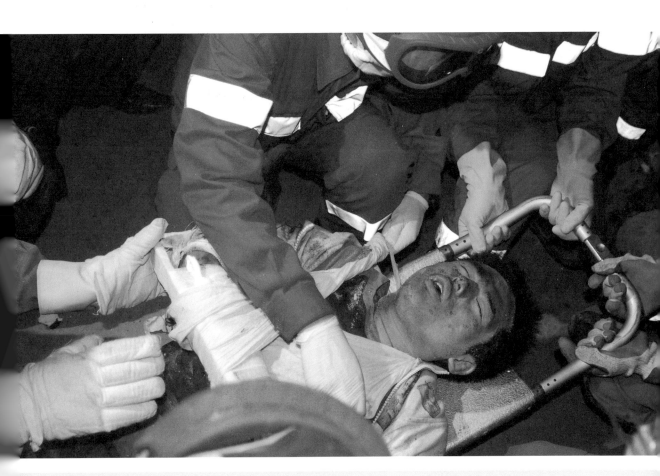

救援队员们在东汽中学救出幸存者"可乐男孩"薛枭

东汽中学幸存者曹建强被救后感言"活着真好"

5月16日　晴　星期五　北川

　　7点50分，董晓光来到我们睡觉的地方对我们说："早晨4点钟有一次大的余震，你们知道吗？""不知道。"我们一脸茫然，看来是太累了，睡得太香了。

　　9点20分，接上级命令，我们整理装备及个人物品，转战北川县。

　　12点40分，我们从绵竹汉旺出发前往北川。一路上，我看到因为地震导致田里的庄稼没人收割，路边都是灾民的帐篷和从灾区转移出来的灾民。

16点10分，我们到达重灾区北川县，已先期到达的黄建发迎接我们。听当地人说北川中学老校区的一座教学楼里可能有幸存者，我便和曲国胜前往北川中学实地勘查。该教学楼原本有五层，地震发生后变成了三层，原来的一层、二层整体塌下，好在有一定的空间，如果实施救援，此结构是安全的。此楼房每一个教室都有纵横梁，正好有9个营救的空间，我们制定好营救计划后，迅速让救援队员过来，经过6个小时的凿破，没有发现幸存者，又调来搜救犬进行搜索，依然没有发现，最终确定此教学楼没有生还者存在，只能宣告今天的搜索任务结束。

北川中学老校区一座五层教学楼变为三层

　　我拖着疲惫的身体来到搭建好的基地，躺在行军床上，拿出日记本写下了今天自己的所见所闻。

5月17日　晴　星期六　北川

　　8点钟，我和尹光辉、王志秋、曲国胜、王长春、张庆山、叶国德及其他救援队员徒步前往北川县城新城区。到达北川大酒店后兵分两路，我和曲国胜、王长春、张庆山一队，负责北川大酒店的搜索，经过人工搜索、犬搜索，没有发现受困者，接着又对北川县人民政府和公安局实施搜索，均未发现受困者。

我和曲国胜在北川县城观察前方山体的滑坡

在前往居民楼搜救时，我们遇上了北川县的一名女副县长和检察院检察长。地震发生时，女副县长因在绵阳出差，幸运地逃过一劫，可从小看着长大的妹妹已经被无情的地震夺去了生命，她非常痛心。妹妹结婚证都领了，计划于本月29日举行结婚典礼，可是现在永远不能举行了。检察长也是那天出差，地震发生时他正坐在车上，看见路上的石子和灰尘不停地往上跳，山上的石头往下滚，车子被滚下的石头推翻在公路边的河沟里，他没有惊慌，等到车子停下来后迅速砸碎玻璃从车里爬了出来，同时爬出来的还有一名司机和一名同事，这也算死里逃生了。

我们又来到了北川县大桥，地震发生后大桥的一小部分桥面塌落，桥梁受损，而桥面的整个主体向右移位大约有1.5米。此时，曲国胜观察到大河左侧的河水变浅，右侧水深，他让我拿出照相机拍下这一变化留作资料存档。

一天的时间是有限的，天渐渐黑了……

5月18日　晴　星期日　北川

我和尹光辉、曲国胜前去北川老城区搜索，当我们搜索到菜市场时，曲国胜观察完周围的建筑及店铺后对我说："明天重点搜救菜市场周围。"

接着我和曲国胜爬到了滑坡最大的地方，正好遇见一位从洛杉矶赶到灾区的美国地质专家，我们用英语交流了对此次地震的个人看法。

最后，我们又搜索了幼儿园、北川看守所，都没有发现生命迹象。

5月19日　晴　星期一　北川

按照搜救方案，由王建伟带领几名搜救队员有针对性地对菜市场周围进行反复搜索，当搜到菜市场旁的河边时，奇迹发生了，我们发

在北川救援现场

现了60多岁的李明翠大妈，她被预制板压着手，不能动弹，经过营救队员的努力，最终把大妈抬了出来。

10点42分，李明翠大妈被成功救出。

14点28分，全国人民都在哀悼汶川地震中的遇难者，救援第一线的摩托车、警车、救援车、消防车、救护车也全部鸣笛，举国哀悼。

救援队员在北川菜市场运用液压剪切钳剪切钢筋，打开救援受困者李明翠的营救通道

5月20日　晴　星期二　北川

救援队在驻地进行休整，保养装备，写个人救援总结。

8点整，救援队全体集合。

首先，吴建春传达了中央国家机关致国家地震灾害紧急救援队的慰问信。之后，黄建发对救援队全体队员的救援工作给予肯定并对下步工作提出要求。

10点05分，吴建春到达北川中学废墟现场询问人员伤亡、房屋倒塌以及周边建筑设施的损毁情况，最后曲国胜做了详细的汇报。

5月21日　晴　星期三　绵阳

中午12点，接到汶川8.0级大地震北川现场指挥部的决定，国家地震灾害紧急救援队离开北川，前往绵阳等候下一步救援指令。

马上就要离开北川灾区现场，我的心情无比沉重。我在心中默默地祈祷："愿世界少一些灾难，愿所有人都能享有幸福和安宁。"

"5·12"汶川地震是中华人民共和国成立以来破坏性最强、波及范围最广、灾害损失最重、救灾难度最大的一次地震。据中国地震局统计，震后共发生余震7 000余次，其中4级以上100多次，5级以上20多次，6级以上5次，加上雨水的漫湿，危楼随时可能倒塌，山体随时可能滑坡，我们的"战场"是最危险的、最复杂的，也是其他非专业人员救援不了的。

回顾整个救援过程，灾后"黄金"阶段第一时间到达灾区是救援的第一要务，每一分钟的流逝都可能意味着一些生命的消失，抢时间就是抢生命。因此在四川地震灾害发生后，救援队按照上级的指示，与时间赛跑，星夜兼程，当日晚就抵达了重灾区。到达现场后，顾不上长途奔袭的疲劳、顾不上难以忍耐的饥饿感，连夜展开救援行动，9天内先后转战都江堰、绵竹、汶川、北川4个市（县）共48个作业点，救援作业共216小时，救出生还者49人。特别是前5天，大家不顾人困马乏和过度疲劳，昼夜奋战，连续工作时间长达120小时，困了、累了只有在机动途中才得到片刻休息，饿了、渴了就在废墟旁就凉水啃方便面。

13日中午，温家宝同志在视察都江堰市新建小学时对救援队员说"你们干得很出色，你们辛苦了，谢谢你们，一定要把孩子们救出来！"。在总理的亲切关怀下，大家深受鼓舞，仅在9小时内就救出了15名学生。当日下午，总理在绵竹市汉旺镇东风汽轮机厂，看到该集团叶片厂专家楼坍塌，多名专家被压埋，同时东汽中学也受灾严重，当地救援人员束手无策。总理当即指示救灾指挥部将国家救援队调至该区。接到命令后，救援队连夜对这两个部位迅速展开救援。14日凌晨，救援队救出刘海波、袁晓阳；14日晚，针对专家楼废墟易坍塌的实际，救援队创新救援方法，用钢管搭成框架结构，罩于作业队员上方，加强了防护，并成功营救出工程师边成明。经过62小时的连续施救，两个部位共救出幸存者20人，其中"国宝"级专家刘海波等2名、专业技术工程师5名、学生11人、群众2人，为国家、为灾区尽力挽回了损失。

"大灾有大爱"，在中华人民共和国成立以来最大的地震面前，中国人民体现了前所未有的凝聚力、战斗力。受灾群众坚强不屈、救援人员奋勇拼搏、全国各界力量众志成城，中华儿女同舟共济、生死与共，凝聚成一个休戚相依的共同体。让我更加坚定了对救援事业的热爱，也让我对民族精神有了更深刻的理解。国家在崛起，民族在振兴，我坚信民族精神在新时代绽放光芒，不断谱写出中华民族伟大复兴的新篇章。

救援队"5·12"汶川地震紧急救援营救幸存者情况一览表

时间	地点	姓名	起止时间	现场情况	救援过程
5月13日	都江堰中医院	陈道东（男）	3:00—5:57	四层楼房倒塌，幸存者位于传染病病房，其头部出血，右脚被楼板压住。病人躺在铁床上，铁床45度倾斜，胸部卡在床的护栏中，内部空间较大，出口狭小	余震不断，首先清理顶部废墟，打开通道；做好安全支撑，将压在幸存者脚上的楼板移除
		未知（女）	3:00—7:50	四层住院部大楼倒塌。幸存者呼救，但不能判定幸存者的位置，大雨不停，余震不断。幸存者被废墟深埋，内部空间较小，头部受伤	根据幸存者求救声音，清理顶部废墟。对压埋物进行破拆和剪切；确定幸存者位置，而后安全支撑，移走压在幸存者身上的木门，将其救出
		未知（女）	3:00—8:00		

时间	地点	姓名	起止时间	现场情况	救援过程
5月13日	都江堰新建小学	王佳淇（女）	8:16—09:38	幸存者被压埋在两个水泥板和一根水泥柱形成的狭小空间内，幸存者头部和腰部受伤。有意识，能对话	清理现场废墟，用剪切钳剪断钢筋，清除水泥板，进行支撑加固，然后将幸存者救出
		未知（女）	7:00—7:20	幸存者被困于两块倾斜的水泥板下的狭小空间内，右小腿被铁桌压住，有意识，能对话，余震不断。狭小的空间内压有两具尸体	用液压扩张钳将水泥板扩张出一个狭小的空间，拖出叠压在幸存者身上的一具尸体，而后用气垫托起另一块水泥板，拉出被压铁桌，将其救出
		未知（女）	7:21—8:16	幸存者被一根横梁压住，背部受伤，右手骨折，手脚被铁桌卡住，坐在一块石板上，昏迷，意识不清，余震不断	先用气垫托住横梁，做好支撑，然后用手锯锯断铁桌，清理废墟并将其救出
		曾可（女）	9:17—10:30	幸存者被两根大梁压住背部，右手被桌椅卡住，左脚被两块石板挤住，嘴被书本堵住，不能说话，余震不断	用气垫托住横梁，而后清理出幸存者嘴上的书本，用锯条锯断桌椅，用扩张钳顶开石板，将其救出

124

时间	地点	姓名	起止时间	现场情况	救援过程
5月13日	都江堰新建小学	未知（女）	14:40—15:30	幸存者被困于两块倾斜的水泥板下的狭小空间内，右小腿被铁桌压住，左腿被一具尸体压住，有意识，能对话，余震不断	用扩张钳顶开其中一块石板，清理卡住的桌椅，然后顶起另一块石板，拖出尸体，将其救出
		徐中正（男）	10:40—12:20	幸存者被废墟压埋，分别被桌椅、书本卡住，有意识，能说话，未受伤	用扩张钳扩开上层楼板，将其吊走，将桌椅锯开，清理书本等杂物，逐一救出
		沈贵芬（女）	10:40—12:07	幸存者被废墟压埋，分别被桌椅、书本卡住，有意识，能说话，左手轻度受伤	
		兰馨（女）	10:40—12:25	幸存者被废墟压埋，分别被桌椅、书本卡住，有意识能说话，左腿被桌子卡伤，重伤	
		付立强（男）	10:40—12:28	幸存者被废墟压埋，分别被桌椅、书本卡住，有意识，能说话，右腿膝部骨折	

时间	地点	姓名	起止时间	现场情况	救援过程
5月13日	都江堰新建小学	赵基松（男）	8:00—10:03	幸存者被废墟压埋，分别被尸体和楼板压住，有意识，能说话，腰被卡住，怀疑重伤	用吊车吊走水泥板，清理废墟和尸体，利用担架将其抬出、救走
		李雨晴（女）	8:00—9:50	幸存者被废墟压埋，分别被尸体和楼板压住，半昏迷状态，不能说话，右腿严重压伤	
		唐新月（女）	8:00—15:05	幸存者被废墟压埋，分别被尸体和楼板压住，有意识，能说话，左胳膊压伤，怀疑骨折	
		未知（女）	6:50—8:16	不详	
		未知（女）	8:20—8:46	幸存者被困于两块倾斜水泥板下的狭小空间内，右小腿被铁桌压住，左腿被一具尸体压住，有意识，能对话，余震不断	
		未知（男）	7:50—8:49	不详	

时间	地点	姓名	起止时间	现场情况	救援过程
5月13日	都江堰聚源中学	高颖（女）	2:50—9:10	都江堰聚源中学四层教学楼主体教室完全坍塌，仅剩两处楼梯间基本完好，教室楼顶一侧悬挂于教学楼楼梯左侧，一侧立于叠落的废墟之上。幸存者意识基本清醒，被压埋于废墟之中的二层与三层楼板之间，其身上叠压着一块破碎的楼板，两腿分别卡死在板缝中	救援队员进入现场时，消防队员已进行了长达3小时的营救，基本把通道打开，但由于通道狭小，下一步营救幸存者的救援工作面临很大的困难。针对这一情况，我队员采取支撑扩大通道的方法，转移叠压在幸存者身上的楼板，分步破碎卡在幸存者两腿间的楼板，逐步将幸存者移出通道。整个营救历时7小时，中间经历3次余震
		未知（女）	不详	幸存者被压埋于底层楼板下，身上楼板重量全部被支撑于长条凳上，周围空间十分狭小，不便于接近幸存者	我队员采取清理打开工作面的方法，逐步接近幸存者，边清理边支撑，疏通营救通道，并对卡在幸存者周围的桌椅进行了强行破拆，然后用脊髓板将其移出

时间	地点	姓名	起止时间	现场情况	救援过程
5月13日	都江堰聚源中学	未知（女）	不详	幸存者被压埋于底层砖瓦废墟之下，胸部以下全部被卡死，幸存者意识基本清醒，其上1米有两根倒塌的大梁，大梁上夹杂有多块楼板，工作面非常狭小，其北侧有3米高的残墙，墙体严重向废墟倾斜	我队员采取加固支撑倾斜墙体的方法，清理建立工作面，边清理边支撑打开通道，及时为受困者补充生理盐水，保证其呼吸道通畅，逐步清理压埋于受困者身上的碎砖，然后将其移出
		未知（男）	9:10—9:50	该幸存者位于第一名幸存者（高颖）身后1~1.5米距离，周边环境基本相似，但幸存者本人只有头部外露，身体基本都被瓦砾压埋	利用营救前一名幸存者打开的通道，向前继续做好支撑、固定，对其进行安抚，用手将压埋幸存者的瓦砾清理干净，使其全身可以移动，利用担架将其从被困地拖出，成功实施营救
		未知（女）	10:00—12:00	在楼梯拐角处，埋压4具尸体，楼体为压饼式坍塌，救援通道狭小，支撑楼板的横梁已经断裂，难以承受楼体的压力，随时可能二次坍塌。幸存者	首先靠近幸存者被困地点，然后做好支撑，打通救援通道，对幸存者进行心理安抚，稳定幸存者情绪

时间	地点	姓名	起止时间	现场情况	救援过程
				被困在楼板形成的缝隙内,身体蜷曲,四周被瓦砾压埋,头顶为坍塌断裂的楼板,右侧瓦砾支撑下滑的楼板,可能已伤及幸存者的头部	
5月14日	绵竹汉旺东方汽轮机厂	刘海波(男)	0:10—4:24	工厂大楼中间倒塌,两侧辅楼向中间倾斜严重,随时都有倒塌可能。幸存者双腿被楼板压埋,上身被困在楼板和瓦砾中,周围的环境比较复杂,每次余震后两侧辅楼的倾斜度都会加大	利用顶升器材对幸存者周围空间进行顶升支撑,以确保幸存者安全;使用破拆等工具,对上半身楼板进行局部破拆。在救援过程中,发生了一次较大余震,有断裂楼板落下,在大家的共同努力下成功将幸存者营救出来
		袁晓阳(男)	4:30—6:36	该幸存者情况与上一名相似(刘海波),上半身被楼板压埋,头部被两块石板夹着,呼吸困难,双手、双腿受困,全身无法移动	首先携带部分破拆器材靠近幸存者,清理其腿部废墟,而后移动压在幸存者上身的楼板,使用手动破拆工具对其头部石板实行破拆。由于被困者五官全都腐变,对其进行必要包扎,最终协力将其救出

时间	地点	姓名	起止时间	现场情况	救援过程
5月14日	东方汽轮机厂	曾敬平（男）	8:10—10:45	强震致使叶片楼中间跨度较大的部分坍塌，左侧楼体倾斜超过15度，右侧楼体结构完全松散，随时都有倒塌可能。幸存者受困于左侧楼体倾斜部分与废墟交界处底层，腹部以下被卡住，压于承重变形的办公桌下，意识清醒	我队员采取冒险由左侧倾斜过道接近废墟的方式，强行破除沉重倒塌的板门，支撑压于受困者上部的承重梁。与幸存者协作，将卡在他下部的办公桌破除，而后我队员协助幸存者钻出废墟
		石江平（女）	10:45—15:00	受困者被压埋于叶片楼中间坍塌部分的废墟底层，上有4米高的废墟，作业现场余震不断，两侧楼体随时都有倒塌的可能	我队员采取由上至下起吊压于幸存者身上的楼板和断梁的方式，并且进行切割凿破作业，防止破坏依靠于两侧楼体的承重平衡结构，并且适时进行支撑，防止楼体坍塌。在距离幸存者上方1米处，连续凿破6层楼板，打开营救通道，救出幸存者
		郑耀贵（男）	10:45—15:11		

时间	地点	姓名	起止时间	现场情况	救援过程
5月14日	东方汽轮机厂	高岩（男）	12:45—20:27	受困者被困于四层楼坍塌的废墟底层，平躺于单人床上，其上压有三层楼板，右腿被卡在一根长方木之间，腰部被倒塌的木条卡死，意识基本清醒	我队员在志愿者的协同下人工移除压埋于受困者身上的三块楼板，并在两侧进行必要支撑，适时对幸存者补充生理盐水，进行安抚，并用手工锯锯断卡在幸存者身上的木条，救出幸存者
5月14日	瑞丰机械	李瑞祥（男）	6:36—8:10	受困者被压埋于倒塌大梁下侧，双腿被卡在废墟之内，意识清醒	我队员采取清理打开工作面的方式，逐步起吊，移开大梁上的楼板，并对承重梁进行必要支撑，向下挖掘，清理移走卡在幸存者身上的废墟，将其移出
5月14日	汉旺镇水电路家属院	王秀芹（女）	15:40—20:10	受困者被压埋于家属楼二层卫生间与厨房间过道内，整体楼房全部倒塌，仅剩一层与二层楼梯支撑，整体楼房晃动明显，余震不断，废墟随时有下滑的可能，受困者左腿被楼顶横梁压住，其意识清醒	我队员沿倒塌楼侧面逐步接近幸存者，通过起吊楼层横梁，在志愿者的协同下手工排除楼顶侧小型废墟，逐步打开通道接近幸存者，底下队员通过楼道口对幸存者进行心理安抚

时间	地点	姓名	起止时间	现场情况	救援过程
5月14—15日	东方汽轮机厂	边成明（男）	21:45（14日）—03:04（15日）	受困者被压埋于叶片楼右侧坍塌底层，其周围为破损的办公桌椅，左腿和腰部分别被卡死，右侧楼体四楼断梁悬挂，随时有滑落的可能，极易引起楼体二次坍塌	我队员冒险从二楼破损房间内进入，接近废墟，并对房间内断裂的承重梁进行支撑，利用钢管支起保护措施。之后凿破二楼楼板进入一楼，逐步向废墟掘进，并进行必要支撑和通风，破除幸存者周围的桌椅，及时给幸存者补充生理盐水和进行必要的心理安抚，切断卡在受困者身上的楼板，将其移出
5月14日	绵竹汉旺东汽中学	江涛	2:00—6:40	主楼体坍塌，只剩两侧高墙，两墙之间有两条残断的横梁连接，并且已经倾斜，当时余震不断，经常有水泥块、砖块下落。该幸存者被两条水泥梁并列挤压，在其右侧上下各有一具尸体，左下有一名幸存者，坍塌后的建筑物交错夹杂，环境复杂，稳定性极差。幸存者左腿小腿粉碎性骨折，右大腿粉碎性骨折，右脚韧带断裂	首先靠近幸存者，而后做好支撑固定，队员协力实施营救作业，将幸存者成功救出

时间	地点	姓名	起止时间	现场情况	救援过程
5月14日	绵竹汉旺东汽中学	李春阳（男）	12:20—16:50	幸存者胸部以下被水泥梁埋压，左脚被砖混结构水泥块压住，幸存者周围埋压了很多尸体，距离洞口仍有3~4米的距离，且顶部倒塌建筑物结构不牢固，相互压杂，不方便实施救援作业	进入幸存者被困地点，做好对上部结构的支撑，对幸存者实施安抚，稳定其情绪，由杨义飞、林大幂进入废墟中，对幸存者实施救援，外围由朱斌负责总体协同。就在幸存者即将救出时，此次地震后的最大一次余震发生，在废墟中的救援人员对幸存者进行进一步的心理安抚，解除余震对其造成的恐慌心理。最终将幸存者成功救出
		未知（女）	1:30—16:50		
		魏玲（女）	11:40—12:10	幸存者被废墟压埋，只有头部和两只手外露，能对话，身上压有一根巨大的水泥柱，并和前侧墙壁相邻，有意识，作业空间小，余震不断，使得作业难度加大	根据现场情况，清除周围废墟后，利用手动砸破器将墙壁砸破，将其下面的废墟清除，利用担架将幸存者抬出
		未知（男）	6:40—11:30		
		未知（女）	6:40—11:40		

时间	地点	姓名	起止时间	现场情况	救援过程
5月14—15日	绵竹汉旺东汽中学	卿静文（女）	6:00（14日）—6:30（15日）	幸存者下部被尸体压住，左脚被废墟卡住，有意识，能对话。余震不断。现场情况极度危险	我队员进入通道进行支撑，清理废墟，将空间加固，利用担架抬出并将其救出
		薛枭（男）	8:00—23:05	幸存者右臂被石板压住，石板上有横梁，空间狭小，余震不断，侧墙倾斜严重，随时有倒塌的可能	用吊车吊走横梁上大量楼板，清理通道，移除其臂上的楼板，将其救出
5月15日		曹健强（男）	4:00—5:30	幸存者被困于三块水泥板形成的狭小空间内，腰部以下被废墟压埋，有意识，能对话，双腿均受伤，不能活动，余震不断，并且身上压有一具尸体	用手动破拆器将水泥砸破，打开通道，利用绳索将尸体拉出。加固水泥板后清理废墟，将其救出
		马小凤（女）	18:30—22:28	幸存者完全被压埋于废墟形成的空间中，但是身体没有受伤，意识非常顽强，很乐观	利用手动破拆器材清理通道，然后用重型扩张钳下压通道内下部楼板，在确保幸存者安全的情况下，打开通道将其救出

时间	地点	姓名	起止时间	现场情况	救援过程
5月15日	绵竹汉旺东汽中学	苣柯（男）	15:20—19:52	幸存者被废墟压埋于狭小空间内，成侧卧，两腿、肩部、头部被压伤，有意识，能对话，余震不断	用剪切钳剪除幸存者身上的钢筋后，清理废墟，用手动破拆器材清除幸存者身体下部的水泥，将其救出
		董晓红（女）	15:50—19:58	从废墟入口到幸存者位置距离为3米。身体被石板压埋，废墟由多层楼板叠压，并交错相砸。房屋结构不稳定，随时有倒塌的可能	由队员进入幸存者被困地点，做好对通道的支撑，对幸存者进行安抚工作，使其情绪稳定。由刘文超进入狭小的空间实施破拆作业，贾树志、朱斌在通道内协助作业，经过4个小时的努力，将幸存者成功救出
5月16日	映秀镇	王佩先（男）	9:00—14:38	幸存者头部被石柱夹住，身体抱着其母亲尸体，幸存者头部和其母尸体被楼板叠压，距离废墟入口为2米，各式楼板以及木材交错叠压。	救援队员通过移除楼板开辟通路，使用破拆支撑等方法安全地接近幸存者，最后对幸存者及其母亲尸体上的楼板进行破拆，移开其母尸体，将压盖在幸存者身上的尸体移开。在救援过程中，尸体已腐臭、蛆变，经过努力，最终将该幸存者救出

时间	地点	姓名	起止时间	现场情况	救援过程
5月17日	映秀镇	陈燕（女）	15:30（16日）—19:45（17日）	其建筑为七层，地震后完全坍塌。幸存者所处废墟处于建筑中间，周围废墟极不稳定。幸存者头部与右臂被木板夹住。只能看到一只左手，通道口距幸存者约有5米。中间堆积着杂物	首先对外部结构进行支撑，随后魏庆锋、岳林贵使用破拆等器材打开一条长约5米的通道，而后又对幸存者周围的杂物进行清除。最终成功地救出幸存者
5月18日		沈培云（男）	9:15—15:30	幸存者距离通道入口约4米，头、腿、胸、脚等部位均被楼板压埋。铁栅栏与楼板挡住通道	队员首先进入并制定营救方案，先对通道进行了安全支撑，仅此耗用木材约40米，而后对部分废墟进行破拆，作业至下午进行人员轮换。最终将幸存者成功救出
5月18日	北川	未知（男）	10:32—12:20	幸存者被压埋于倒塌的二层楼底层，身体被楼板压住，幸存者意识清醒，能够敲击楼板	我队员协同二炮部队官兵通过犬定位，逐步打开通道，移出幸存者

时间	地点	姓名	起止时间	现场情况	救援过程
5月19日	北川	李明翠（女）	9:20—10:42	幸存者被废墟压埋，只有双脚外露，右手被压骨折，有意识，能对话，废墟上面悬有一块较大的水泥板，水泥板下压有一块门板，作业空间非常小	用剪切钳清除钢筋障碍物，打开通道，将门板剪切掉，将水泥板加固，清除废墟，扩大作业空间，两名队员协力将其拖出

海地地震救援

北京时间 2010 年 1 月 13 日 5 时 53 分（当地时间 1 月 12 日 16 时 53 分），海地发生 7.3 级强烈地震。此次地震震级大、震源浅，发生在首都太子港周边人口较密集的区域，造成了大量人员伤亡和建筑物倒塌。

海地是世界上最贫穷的国家之一，75% 的人民生活在赤贫状态下。因为贫穷和爆发冲突，中国有 125 名维和部队警察在海地执行国际维和任务，地震发生时我们有 8 位"亲人"在联合国驻海地稳定特派团（以下简称联海团）总部参加会议，地震后失去联系。党中央、国务院对此次地震高度重视，指示中国国际救援队迅速启动紧急救援预案，赴海地参与国际人道主义救援任务，并全力营救我们的"亲人"。

接到中央领导指示后，中国国际救援队立即召开救援行动部署会议，迅速启动国际救援响应工作程序，仅用 4 小时就完成了队伍和装备物资准备，于 1 月 13 日 16 时在首都国际机场集结，18 时召开了动员会。外交部、中国地震局、总参谋部、公安部的有关领导传达了中央领导的指示，指出此次救援任务情况特殊，时间紧、任务重，要求全体队员和随队人员一切行动听指挥，注意安全，发扬汶川地震的救援精神，完成好党和人民托付的任务。经多方努力与协调，在确定航线后，20 时 30 分，中国国际救援队乘空客 330-200 包机（CA6076）前往海地开展人道主义救援工作。

当晚 22 时左右，救援队在飞机上召开了第一次全体会议，有关领导介绍了目前的灾情及救援进展情况。此次救援，当地情况复杂，安全局势严峻，社会治安混乱，抢劫、袭击事件频繁发生，对全体队员是一次严峻的考验。

1 月 14 日凌晨 2 点，我们的飞机顺利抵达海地首都太子港机场，此时我们心里想的只有一件事情，那就是第一时间赶赴现场，营救废墟下的"亲人"们。

下了飞机后按照任务分工，我和特遣小组人员在我国维和警察全副武装的护卫下，急速奔赴联海团总部地震废墟现场，其余人员卸载装备物资。

到达地震废墟现场后，我和先遣人员对该楼进行勘察，并制定了营救方案。根据总部大楼的建筑图纸和第一目击者的口述，了解到总部大楼是一座外观7层、地下室3层共10层的钢筋混凝土建筑。在大概确定了"亲人"的位置后，迅速派搜救犬对该区域进行地毯式搜索，只要有1%的希望，我们就会尽200%的努力，因为我们的"亲人"就在废墟下。当我们的搜救犬没有嗅出生命迹象后，我们继续按照制定好的营救方案实施。

勘察现场后，我眉头一紧：救援现场情况比较复杂，不可预料的情况太多。虽然太子港地区的房屋大多为钢筋混凝土结构，但夹杂在钢筋中间的混凝土材质较差，营救过程中稍微不当或是发生余震，都会造成建筑物二次倒塌。由于当地炎热高温，整个空气中弥漫着一股浓烈的恶臭。我们的救援队服密不透风，汗水浸透全身，导致衣服紧贴皮肉，在超体力超负荷工作的环境里，不少队员身体出现瘙痒、红肿等情况。可是沾满腐肉的双手无法接触身体的任何部位，所有同志只能咬牙忍受瘙痒的折磨。

基于以上状况，我想做一下队员们的思想动员工作，可是队员们的状态比我想象的要积极，他们没有一人叫苦叫累，都在紧张忙碌地干着自己的工作：有的在徒手清理废墟，有的在使用液压顶升装备顶起大块楼板，有的在使用电动速断器剪切钢筋，汗水顺着脸颊流下，大家都顾不上擦拭，也完全顾不上自己身上有多难受。看着他们忙碌的身影，我很感动，在心里对队友们竖起了大拇指，有这样一批队员，我们救援队伍一定会出色地完成任务！

救援现场楼板重叠，纵横梁交错，墙体呈粉碎状夹杂在废墟中，钢筋或扭曲或似渔网，将废墟层层包裹。我们全体救援队员历经48小时的连续奋战，利用重型破拆、剪切救援器材连续凿破并打通了6层楼板和横梁。当我们正在继续清除瓦砾时，突然发现一台照相机和一台摄像机，我把相机电池卸下一看，上面写着汉字，仔细一看，写着"产地：深圳"，瞬间，我意识到最不愿看到的事情还是发生了。我把遇难者的鞋子脱掉，一看鞋子是"老兵"牌的，这时我和队员们无比悲伤，他的身上还有一些瓦砾，头也被瓦砾所掩埋，我们没有使用任何救援装备和工具，只用双手轻轻地拂去这些瓦砾，大家能做的只有这些，让他不再受到二次伤害。经确认，遇难者叫王树林，中国籍，公安部装财局调研员。

2010年1月15日在联海团救援现场与巴西维和工程部队人员交流（左一为黄建发）

当地时间 1 月 16 日凌晨 3 时 30 分，王树林同志的遗体被完整地挪出废墟，救援现场指挥部所有中方人员举行了庄重的悼念仪式。随后，遗体被送往我救援队驻海地基地大本营，此后，每一名遇难"亲人"的遗体被营救出时，我们都会采用同样的方式对其进行深深的缅怀。

前线的搜救工作夜以继日，紧张忙碌，一刻也不曾停止，我们沿着"亲人"王树林的遇难处继续营救。7 时 12 分，在经过连续切割、破拆底层大块楼板和两层楼板中间缝隙的带地毯地板后，我们又找到了一位遇难"亲人"钟荐勤，带地毯的地板约 10 多平方米，结结实实地压在他弱小的身躯上，瞬间我仿佛感受到了地震发生时他身上经受的那份痛楚。凝望他那虽然扭曲但依稀俊朗的脸，鲜血渗出鞋底却依然整齐的作战靴，在场的救援队员都忍不住流出了伤心的泪水。时间在一分一秒地流逝，但灾情不允许我们沉浸在悲伤中，虽然早已断定废墟现场已没有幸存者存活的可能，但我们都只有一个想法：哪怕有一丝希望也不能放弃。我们在一整块足有半个篮球场大小的楼板底下一块狭小的废墟处，利用强光照明灯仔细搜索，看到了一只戴着银白色手表的手，经观察，手浮肿且颜色发黑紫，初步判定人已基本死亡。我们利用破拆救援装备、多功能钳、组合铁铲，用最快的速度接近遇难者，虽然我们幻想他一息尚存，可天不遂人愿，最终确定其已于地震发生当日死亡。

当地时间 1 月 16 日 11 时 07 分，第三名"亲人"维和防暴警察队政委李钦的遗体被营救出废墟。随后，在一个小时的时间内，又营救出三名"亲人"的遗体，他们分别是：郭宝山，公安部国际合作局副局长；和志虹，女，维和防暴警察队队员；李晓明，公安部国际合作局处长。三位"亲人"的遗体中有两位紧紧地交织在一起，被废墟紧紧地夹杂包围着，可以想象在地震发生的瞬间，他们都迅速伸出手试图去保护对方，我们大家都感受到了危险来临时他们的勇敢和善良。

当地时间 1 月 16 日 14 时 58 分，遇难"亲人"赵化宇，维和民事警队队长的遗体被成功营救出废墟。15 时，朱晓平，公安部装财局局长，作为此次地震遇难者中最后一名被营救的"亲人"的遗体被带离废墟。

2010 年 1 月 16 日在联海团救援现场营救过程中发现我方人员所穿的"老兵"牌鞋子

同时，在此次灾难大营救过程中，中国国际救援队队员分别于当地时间 1 月 15 日 12 时，16 日 1 时、13 时 35 分、13 时 45 分、14 时 20 分，将联海团行政事务主管伍德维奇、执行助理安德鲁、维和警察事务副总监道格拉斯、副特别代表哥斯塔和特别代表安纳比 5 人的遗体挖掘出来。

救援队成立以来，首次面临如此艰巨的营救任务，最终成功完整地营救出所有 8 名我们的"亲人"和 5 名联合国高官的遗体，受到了联合国秘书长潘基文及多国救援同行的高度赞誉。

当地时间 1 月 17 日 8 时 30 分，在我维和防暴警察基地，中国国际救援队和维和警察为我们的"亲人"举行了沉痛的哀悼仪式。当听到"向朱晓平等 8 名同志三鞠躬"时，我们所有人员都流下了悲痛的泪水，心里默默地念着："亲人们，我们接你们回家！"

青海玉树地震救援

2010 年 4 月 14 日 7 时 49 分，青海省玉树藏族自治州玉树县发生里氏 7.1 级地震，造成人员伤亡和重大财产损失。霎那间，灾区的人民牵动着全国人民的心，各个救援组织迅速赶往灾区展开救援。

国家地震灾害紧急救援队在接到命令后，即刻集结，培训部由颜军利、何红卫和我 3 名同志奉命出征。与救援队 60 人，携带救援装备车 2 台、KU 卫星通信便携站 1 套、搜索犬 9 条，前往灾区紧急救援。

16 时 15 分，我们乘坐两架伊尔 -76 军用运输机从北京南苑机场起飞，经过 3 个多小时的飞行，20 点 05 分，救援队到达巴塘机场，我们迅速卸载物资。从巴塘到玉树结古镇路程 20 多公里，部分路段已被大水冲毁。因运输车辆受限，我和救援队 30 人组成特遣分队，迅速前往玉树军分区抗震救灾指挥部报到。与指挥部汇合后，特遣分队受领任务，前往建筑物倒塌最严重的民族旅馆。特遣分队于 22 时左右到达结古镇，立即展开救援。

当地属于高原区，海拔高，天气寒冷，氧气稀薄，虽然我和大部分救援队员都是军人出身，身体素质不错，但许多人一下飞机高原反应很严重，活动强度稍微加大，就会感觉头晕、四肢无力。我也有些高原反应，但强忍着不适，组织大家学习缓解高原反应的方法。我心里想："必须让大家尽快适应高原救援。如果克服不了这个问题，后续救援很难开展。"可以说，玉树海拔高、气温低的恶劣气候为救援行动带来了极大的不便。

民族旅馆救援

在搜救的过程中，一位玉树消防队的领导请求我们营救一名大约40岁的藏族男性。到达营救地点后，我们看到该男子的双腿被巨大的横梁压住。此时，我观察现场得出结论：建筑物倒塌，受困者被掩埋在表层，救援难度不大。但受困者受了伤，必须先止血包扎。我们就地找来一根绳子，给男子双腿包扎止血后，运用液压顶撑技术，把横梁顶升大约20多厘米。23时50分，该男子被成功救出并迅速转送至就近医疗点。

营救1名女性幸存者

紧邻民族旅馆的废墟里有一名被困女性幸存者，现场有一支四川矿山护队在实施营救，可是救援难度大且进展慢，他们害怕该幸存者失去生命，请求我们前去支援。

接到通知后，我们马不停蹄地赶到现场。经过现场勘查发现：该幸存者整个身体被预制板覆盖，左脚面被横梁下的废墟压埋，情况比较紧急。值得庆幸的是还有一定的救援空间。我们立即把幸存者周围的预制板支撑和加固，并让她的家人不断地和她聊天，给予心理安慰。随后把她周围的废墟小心移除，创建营救作业面。紧接着，用手动剪切钳剪断阻挡住营救通道的8号钢筋，最后用一根电线系住她的脚踝，再轻轻移除压在她脚面上的废墟，于4月15日凌晨2时15分成功将其救出。

经过连续三四个小时的救援，我们的精力和体力消耗殆尽，救援队员们坐在废墟上简单休息了一会。因为夜间温度低，大家也没法睡觉，就坐在一起聊了一些救援感受，总结了一下经验。我也只能用抽烟来提起精神，顺便跟指挥部沟通下一步的工作安排。

成功营救出 1 名女性幸存者

西北牛宾馆救援——地震救援史上的奇迹

4月15日8时，我和曲国胜、张海涛在胜利公路局办公大楼进行搜索时，兰州军区青海军分区某直属团的一名战士，气喘吁吁地跑过来告诉我们，西北牛宾馆废墟下可能存在幸存者。听到这个消息，尽管身处高原不能做剧烈运动，我们可顾不得快速跑动导致的头昏脑胀等高原反应了，还是跟着那位战士跑步前往宾馆。

到达现场后，我和曲国胜立即勘察现场，发现此废墟为四层砖混建筑，西侧基本坍塌，只有楼梯矗立，结构在震后暂时稳定，但在余震下可能会造成二次坍塌。随后，我们向周围群众了解受困者的基本信息和可能埋压的位置，张海涛迅速呼叫救援队第一搜救分队。

当所有人员和装备到达现场后，搜救分队首先利用搜救犬进行定位，然后再用搜索仪器对幸存者进行精确确认。初步确定受困者位置后，立即展开营救。因废墟过高，救援队员仍旧不能与被埋压的受困者进行对话，这说明救援队员与受困者仍存在不小的距离。于是，救援队员采用表面剥离与重点深挖相结合的营救模式，逐步接近受困者。为了防止在营救过程中对下面被困人员造成伤害，救援队决定在表面一侧垂直凿破。

当队员清理完 3 平方米左右的表面废墟后，第 3 层楼的预制板却阻挡了营救队员继续向下。打开了 70 厘米 ×80 厘米的通道后，立即与受困者进行了沟通，因为了解第一手信息，及时安抚受困人员配合行动，对下一步的营救至关重要。

"有人吗，能听到我说话吗？"

"有人！"受困者立即回应。

"有多少人被困？"

"4 人。"

"有人受伤吗？"

"没有人受伤。"

4 名受困者没有一人受伤，了解到这一情况，救援队员心情非常激动，此时我心里也稍微放松了一些，但安慰工作不能停止，于是我对受困人员说："请尽量安静，保持体力，我们是国家地震灾害紧急救援队，请放心，我们一定会将你们都救出去。"这是进行典型的心理安慰，告诉恐惧中的受困者该如何做，同时通过自我介绍让他们增强信心。

在第 3 层楼的预制板下仍是大量废墟，我们用双手移除废墟并清理完毕后，第 2 层楼的预制板初露眼前。就在预制板上刚刚被凿出几厘米的小洞时，余震突然袭来。此时，我的心头一紧："这时候不能撤啊，下面四个人都没有受伤，是能顺利救出来的。"救援到了关键时刻，不能撤。于是，我先组织队员们做好自身防护，然后将周围建筑构件进行加固，继续进行营救。在一片漆黑中，我们用手电向废墟内部照射，随后问道：

"能看到光亮吗？"

"能看到。"

"坚持住，马上就到了。"

"好的。"受困者的声音也激动起来。

此时，救援队员与受困者越来越近了，这份光亮也让我们信心倍增，我不断地指导和安抚受困者："现在应该闭上眼，不要被外面强烈的阳光刺伤。"看到希望，队员们的干劲越来越足了，动作也越来越快了。从受困者返回的信息得知，他们被困在一个三角空间里，我们让他们尽量向墙角的安全地带靠近。随着时间的推移，队员凿破的空间有 50~60 厘米了。此时，队员对受困者说："请不要着急，有序地向

在青海玉树西北牛宾馆实施营救

成功营救出幸存者张继科

生命通道靠近。"

一步一步地，我们终于到达了他们的受困地点，迅速用担架把他们转移出，立即送往医疗点。历经4个多小时的营救，在第2层楼的预制板洞口被打开的5分钟之内，4名甘肃张掖的受困者被安全救出，无人受伤，这是地震救援史上的一个奇迹。这个奇迹是由4名受困者和我们救援队员共同创造的。

当中央电视台记者采访救援队员当时心情如何时，我们救援队员只回答了两个词："激动"和"幸福"！

集贸市场救援

4月16日，在结古镇集贸综合市场，我们又发现了一名13岁女孩。

那是一座已坍塌的楼房，在瓦砾堆中，一张稚嫩的脸出现在眼前。斑驳的泥巴涂抹在她的脸上，依稀看得到哭过的泪痕和那淡淡的绝望。她的嘴巴一张一合，却已发不出声音——她的嗓子已因长时间哭喊、求救而变哑。当发现救援人员赶来时，她的脸上顿时充满希望。发现她发不出声音，我跟她说："小妹妹，我们正在救你。你不要讲话，耐心等待！"女孩微笑着点头。为避免被困女孩受到二次伤害，颜军利、何红卫、艾广涛、贾树志等救援队员采用了慎重安全的救援方法：清理出表面废墟，在做好支撑加固的前提下，用大型机械吊走大的水泥板，此时女孩已昏厥。当她醒来时说："我知道你们会来救我的！"这短短的一句话，深深触动了我的心。人的生命如此脆弱，但只要有坚持不懈的信念，就有生的希望。在我们救出受困者后，在场的上百名围观群众给出了热烈掌声，特别是藏族同胞们还给我们献上了哈达。

此次救援行动从4月14—26日共历时12天，采取摩托化机动、空中机动和徒步行进3种方式，在青海玉树藏族自治州玉树县转战127个作业点，营救掩埋在废墟深处的幸存者7人，清理遇难者遗体31具，帮助其他救援队确认定位18人次，挖掘出存折5个，搬运物资100余吨。救援官兵安全无事故，出色地完成了任务，受到国家抗震救灾总指挥部及军委、总部领导的亲切慰问和高度评价。

作为指挥员和专业救援人员，我在此次救援中也受益匪浅：作为唯一的国家级专业救援力量，救援队临危受命，专赴受灾最严重的地区，专去最困难的地域，专到最危险的地点，专解兄弟单位遇到的搜救难题，专救一般队伍难以施救的被困人员。在救援现场，救援队不能只在单一的作业面展开搜救，更要科学、合理、高效、灵活地分配救援力量。每次救援，都有军队、当地政府作为支援，加上救援队合理分配救援力量，扩大作业面，营救幸存者的几率会有很大的提高，并有侧重点。与此同时，适当发动当地群众进行搜索，及时向我们救援队反馈信息，这样会在最短的时间内解救更多的幸存者，给灾区无数个家庭带来希望，这才是我们真正救援人的职责。

我们悼念逝者，是因为他们的不幸就是我们的不幸，他们的哀伤就是我们的哀伤。血脉相连、患难与共的深切情义闪动着人性里最温暖、最宽怀的光芒。爱，永不停止；生命，生生不息。我们化悲痛为力量，继续他们未竟的事业，带着他们的希望与梦想前行！

甘肃舟曲特大山洪泥石流灾害救援

2010年8月7日23时40分，甘肃省舟曲县县城北部突发山洪，随即引发泥石流，180万立方米的泥石流沿三眼峪、罗家峪沟低凹处汇集，高差变幅近100米，自北向南、由高向低直泻入山脚下的舟曲县城，形成了两条泥石流冲击带。这次泥石流灾害突发性强、破坏性大，造成了该县4000余间房屋瞬间受到冲击掩埋，形成了长800米、水下淤积物高7~8米的堰塞湖，县城有三分之一的面积被淹。

灾情发生后，党中央、国务院、中央军委高度重视，胡锦涛总书记做了重要批示，由国家地震灾害紧急救援队赴灾区执行特大山洪泥石流灾害救援任务。

8日中午12时，温家宝总理率国务院有关部门负责同志赶赴受灾地区。22时40分，接到预先号令后，救援队立即组织启动了应急预案，派出了指导小组，迅速收拢人员、掌握灾情、准备物资。

9日0时20分，75人的救援分队携带搜救犬12条、各型搜救装备200余件，火速赶赴南苑机场。4时整，搭乘1架空军伊尔-76运输机空中机动，于6时15分到达甘肃临洮军用机场后，由兰州军区联勤部汽车团和甘肃地震局3台指挥车、3台运输车、2台大客车，采取摩托化机动方式，于9时15分从临洮出发，经会川—梅川—岷县—宕昌，18时整到达舟曲县城外围，全程机动1790公里。

在城区赶赴泥石流现场的公路上，可以看到大批武警消防、民兵预备役人员以及由城区居民自发组成的搜救队伍正源源不断赶赴灾害现场。同时，用于解决灾后通信不畅的应急通信保障车也陆续进入城区开始工作。在这过程中，我们听到了一个感人的故事。

8月8日15时，舟曲泥石流灾害救援部在城关小学南侧发现有母子两人被压在洞里，孩子侧卧着身子，身上压着一根大梁木，距离孩子一两米的地方，有位中年妇女，腿也被大梁木压着。里面传出孩子的声音："老师，先救我妈妈。"而孩子的妈妈已经难以忍受疼痛，叫喊着"给我把刀，我不活了。""妈妈你别着急，大家都在想办法"。男孩俨然一个大人，安慰他的妈妈。不知什么时候温家宝总理赶到了现场，他又是往洞里喊话，又是帮着递千斤顶、牛奶，里面的孩子知道是温家宝总理来了，喊了一声"总理，您放心，我能挺住！"

经过救援战士4个小时的努力，终于将男孩救了出来。两小时后，孩子的妈妈也被救了出来。被救的47岁妇女叫党巴金，被送到医院后终于脱离了危险。然而，尽管医务人员全力抢救了8个小时，但由于内脏受损严重，她的儿子张新建在她苏醒前已经离开了人间。张新建说的最后一句话是："我想回家。"

甘肃舟曲救援现场

听完这个故事，我的眼睛模糊了，泪水止不住地往下流。这里不仅仅是温家宝总理的举动让人感动，更让我感动的是小小少年的勇敢顽强和传统美德！

让我们记住这位 14 岁好男儿的名字——张新建吧！你的生命虽然很短暂，但你留给这个世界的却很多很多！"总理，您放心，我能挺住！""老师，先救我妈妈。"这般坚强有力的话语，深深地印在我们每个人的心间！让我们懂得什么是爱，什么是勇敢，什么是中国的好男儿！

在舟曲救援过程中涌现出了无数感人至深的事迹。面对失去生命的 14 岁孩子张新建，我们应该想到很多，也应该做到很多。此时此刻，金钱、权势、地位、美色等等，都显得苍白无力，唯有伟大的人性最美、最珍贵！张新建的坚强激励了我们救援队员的斗志，让我们更加奋不顾身地投入到救援工作中去。

由于城区外交通瘫痪，城区内淤泥和堆积物厚达 2~4 米，一度严重阻碍了队伍行动。指导小组第一时间与抗洪救灾指挥部取得联系，果断采取弃车轻装徒步的方式，经过近 2 个小时的长途跋涉，通过了约 4 公里的淤陷区，于 10 日 0 时 10 分到达舟曲第三中学宿营。

之后我们迅速组建了一支 30 人的搜救分队，携带 4 条搜救犬和生命探测仪器，赶赴可能存有生命迹象的县公安局办公楼、家属楼和检察院展开搜救，成为最早到达灾区的第一支国家级专业救援队伍。

10 日 0 时 20 分，救援队刚到宿营地，立即按照行动预案，派出救援分队赶赴 2 公里外的受灾核心区域，连续作业 3 个小时，对可能存有生命迹象的搜救点进行了排查。

8 月 10—12 日，根据指挥部的统一部署安排，着重对三眼村沿线两侧的县武装部、南街、东街村、第一小学、北关村、月圆村、三眼村以及罗家峪沟沿线进行了全面搜救排查，面积约 3 平方公里，先后搜索定位遇难者遗体 27 具。针对救援部队多、淤陷区多、遭泥石流冲击损毁和掩埋建筑物多的实际情况，我们及时研究和完善搜索办法，合理分配救援力量。按照小型精干、功能完备的要求，灵活编成 10 个小组，每小组 6~7 人，配备生命、声波探测仪和搜救犬，按照先开挖、清理淤泥、打开作业面，后人工探查、搜救犬嗅查、生命探测仪测查的顺序，在3次实施拉网式搜排的基础上，又对60个重点建筑物进行了搜索，提高了搜排质量和效率。特别是在12日晚，当3支搜救部队对1处居民楼是否有幸存者无法判定时，救援队及时派出1个分队，携2条搜救犬，冒着大雨赶赴现场，在两个小时内连续打通3层楼板，及时给出了没有幸存者的结论。

由于灾害发生突然，不少居民的亲属在泥石流灾害中遇难。有的居民甚至全家只有个别亲属幸存，这给幸存者精神上带来了很大的打击。救援队对近百名遇难者家属进行了随机的心理安抚疏导。

2010年8月14日10时，中国国务院对外宣布8月15日为全国哀悼日。8月15日上午，北京天安门、新华门和全国人大常委会、国务院、全国政协、中央军事委员会、最高人民法院、最高人民检察院所在地，全国和驻外使领馆，都下半旗志哀，全国停止公共娱乐活动，以表达对甘肃舟曲特大山洪泥石流遇难同胞的深切哀悼。8月15日0时至8月16日0时，全国所有电视台的台标变为黑白。

此次参与舟曲救援，是我第一次遂行泥石流救援任务。中国地震局专家组对灾害现场情况信息搜集、现场指挥和及时定论，为救援工作指引了方向。救援结束后，为了总结泥石流灾害救援经验，我根据救援中心和指挥部提供的伤亡人员和发震构造、卫星影像、房屋建筑、人文、民族、气候天气等资料，同时收集系统内各单位提供的震感区域、人员伤亡、救援进展、次生灾害等工作成果，参考国内外知名网站、微博等新媒体发布的震区受灾信息，总结出了一些决策救援行动的方法、经验。

◆ 总结泥石流形成的主要原因。要把成因搞清楚，才能制定更加合理的营救方案。

◎ 地质地貌原因。舟曲一带是秦岭西部的褶皱带，山体分化、破碎严重，大部分土质炭灰夹杂，非常容易形成地质灾害，是全国滑坡、泥石流、地震三大地质灾害多发区。

◎ "5·12" 地震震松了山体。舟曲是 "5·12" 地震的重灾区之一，地震导致舟曲的山体松动，极易垮塌，而山体要恢复到震前水平至少需要 35 年时间。

◎ 气象原因。国内大部分地区遭遇严重干旱，这使岩体、土体收缩，裂缝暴露出来。遇到强降雨，雨水容易流入山缝隙，形成地质灾害。

◎ 瞬时的暴雨和强降雨。由于岩体产生裂缝，瞬时的暴雨和强降雨深入岩体深部，导致岩体崩塌、滑坡，形成泥石流。

何红卫和我在甘肃舟曲救援现场记录搜索的区域

◎ 地质灾害的特征。地质灾害隐蔽性、突发性、破坏性强，难以排查出来。

◆ 快速到位，迅即展开是掌握救援行动主动权的基本。然而此次行动由于客观原因，出现了一时难以到位的问题：救援队从首都南苑机场空中机动到甘肃临洮机场，距离1430余公里，所用时间仅2小时15分，而从临洮机场到舟曲指定位置只有360余公里，机动时间却用了近12个小时，丧失了搜救幸存者的黄金时间。"5·12"汶川地震救援和今年4月青海玉树地震救援，也出现过同样情况。执行抢险救灾任务，决策快、准备快、到位快、展开快、处置快，是对救援行动的基本要求。此次救援后，应认真总结以往遂行任务的经验教训，研究形成快速机动、及时到位的各种预案和方法，尤其要研究、提出地面和空中特殊的机动保障需求，提供给总部、军区和中国地震局参考，在今后的任务中预先协调解决。

◆ 依托实践探索创新是完成多样化救援行动的重要途径。此次舟曲救援，我个人以及参与救援的队伍都是第一次遂行泥石流灾害救援行动，在充满淤泥的废墟内实施搜救，救援队员和搜救犬均一度不适应，缺乏搜救经验，尤其是没有实现搜救出幸存者的既定目标。在后来的行动中，救援队员边作业、边搜救、边总结，形成了先探后定、先垫后进、先清后搜、先上后下的新的作业方法，进一步积累了救援经验。实践证明，每次灾害发生的时间、地点、环境、样式虽然各不相同，但只要在实践中不断探索，就能够在不同样式的救援行动中总结不同样式的救援方法，提高遂行多样化救援行动的能力。

◆ 对灾区人民的心理辅导和心理援助工作要讲究方式方法。从卫生部现场调集的心理医生处，我们获得了心理援助的一些重要知识，这也帮我纠正了以往做心理工作时不恰当的做法，让我认识到对灾区心理援助的策略和规划应建立在对民俗习惯充分了解的基础上，要"不谈心理做心理，润心无声似春雨"地开展心理健康促进工作。当地民众注重家庭家族关系，看重人际交往，忌讳谈心理问题，因此在开展心理援助时，要积极开展各项社会工作，激发内外资源，淡化心理病理色彩，让民众自然、自如地走出泥石流灾害带来的心理阴影。

实施重点救助非常必要，一方面要针对相对严重的特殊创伤人群，如泥石流中的丧亲人员、伤残人员、孤寡人员和老人、儿童等；另一方面，要密切关注基层干部、教师和医护人员等"灾区枢纽人群"（即本身受灾，又肩负政府公职者），对他们进行灾后心理疏导技能培训。

同时保持信息畅通，避免人为恐慌很重要。对于灾区泥石流的发生发展规律、影响因素、影响效果以及灾区再次发生泥石流的可能性，在给予科学论证后，需要通过各类媒体，及时准确地传达给当地民众，避免坊间传闻，维护灾区人民心态平稳。必要时向帐篷安置点居民发放收音机、手摇手电筒等通信照明工具，消除心理恐慌。

芦山地震救援

2013 年 4 月 20 日 8 时 02 分，四川芦山发生 7.0 级地震。根据国务院抗震救灾总指挥部指示，遵照中央军委命令，在中国地震局牵头协调下，由地震局、武警总院、北京军区某部共 193 人组成救援队，赴地震灾区开展救援行动。

此次任务，由中国地震局牵头，具体负责指挥和带队工作，救援队员配合实施救援，我在此次救援中被赋予了带队人的责任。我在知道此次任务中，自己由救援者变为指挥员，我的一个决定关系着救援的成败和战友们及被埋压人员的安全，所以压力空前，也为此做好了充分准备。

我们于 20 日 23 时 55 分抵达北京南苑机场。21 日 2 时 15 分完成人员安检、物资装载、人员登机；2 时 30 分搭乘 2 架空军伊尔 -76 运输机起飞；5 时 12 分顺利抵达四川某军用机场；7 时 12 分乘 20 台运输车从机场出发；11 时 30 分到达芦山县城，与抗震救灾指挥部和中国地震局现场指挥组完成对接。

我们救援队编成 5 个小组，采取空中机动、摩托化机动和徒步行军相结合的方式，同时赶赴受灾最严重的宝兴县县城以及芦山县下辖的龙门乡、双石镇等 4 个受灾点展开救援，第一时间向灾区人民传递了人民子弟兵心系灾区，全力搜救幸存者的信息。4 月 22—25 日，集中一部分力量兵分 3 路对宝兴县下辖的灵关镇、穆坪镇、永富乡等 3 个受灾点，累计 22 个村落 305 户进行"地毯式"搜排；另一部分力量兵分多路对芦山县西南方向 7 个乡镇 47 个村落的 2196 户进行搜排。

24 日晚，接抗震救灾指挥部命令，需派一小组前往天全县小河乡搜索一名养蜂人，国家救援队指挥部临时决定派我和救援队 7 人组成的搜救小组于 25 日一早，前往小河乡实施搜索定位。得知大概情况是

4月20日早7点30分，该养蜂人从山顶去山下背蜂箱，8点02分芦山发生7.0级地震，造成山体滑坡，从此音讯全无。从小河乡政府驱车只能开出4公里，因为有山体塌方，需要走12公里的塌方路段才能到达搜救地点。回到营地住所接到命令后，我脑子一直想着25日我们小组到达搜救地点所要实施的搜索方案，得知此次搜救非同一般，随时都有生命危险，于是拿起笔给家人写下一封信。

25日早7点23分，搜索小组集合完毕，从芦山县救援队营地出发，在前往天全县小河乡崎岖的山路上，我们所乘载的车辆急速开进，8点20分到达天全县小河乡人民政府后，我们向该乡书记了解了地震发生时的情况，找来两名当地非常熟悉山地情况的老乡做向导。当我们驱车到4公里处时，目光所及之处都是崇山峻岭，横在眼前的是从

2013年4月24日参与搜索养蜂人的全体人员合影

高山滑落的石块，大约 1 米多高，车辆无法通过，我们 8 个人早都做好了跋山涉水的准备。时间就是生命，无论多么艰难，都要完成任务。虽然其他 7 人都是军队的现役人员，只有我一人是地震系统职员，但我也是一名老兵，更是一名共产党党员，任何困难险阻我都要冲锋在前。

8 点 41 分下车后，由我做排头兵带领着 7 名队员向无人区挺进，出发前我嘱咐其他 7 名队员，在这 12 公里的山体滑坡路段中，我们每名队员之间的距离要拉开 10 ~ 15 米，因为在行进的过程中山体随时都有二次塌方的危险。

在行进过程中，还有要做到：一看、二慢、三通过。

一看环境。在山区救援时如果山体松动垮塌，要看看山体有无滚石和塌方，因为前期预判和评估是救援的前提，而且首先要保证自身的安全，不要让自己成为被救援的对象。

二慢。在行进过程中如果看见前方山体有掉（滑）落的石块，说明该滑坡体地段容易发生二次坍塌，队员行进的速度就要慢下来。一旦出现山体垮塌或落石的情况，应该采取相应措施，就近躲避山体滚石等。

三通过。在山里救援时，队员之间保持相应的间距，如未出现山体垮塌等现象，应该快速通过危险区域。

此次任务，危险始终与我们相伴，死神一次次与我们擦身而过。我们一字纵队前进，由我带头，急速挺进无人区。在我们通过了大约有 300 米时，只听到"轰"的一声，刚通过的滑坡体发生二次坍塌。此时我心里发毛，暗自庆幸，与死神擦肩而过。虽然早已考虑到各种危险因素，但依然感到后怕。不时有山体滑落的巨石坠落到地面，摔得四分五裂的碎石崩到我们脸上。在快速躲避时还不得不近距离接触锋利的石壁，刺破、划伤那是无法避免的，伤口也没有时间顾及和处理。那种钻心的疼，虽然难忍，也只能咬紧牙关继续前行，此时山上的滚石依然断断续续往下滑落。

10 点 01 分，我们到达山下养蜂人背蜂箱的出发点。听向导说，他们一般情况下到此地点需要两个半小时，而我们只用了 1 小时 20 分钟。从整体情况看，山下至山上共有 3 个大的滑坡体，我们要按从上往下的顺序搜索，因为山路被山体滑坡所中断，我们只能从水流湍急的黄沙河中艰难前行。

10 点 48 分我们到达第一搜救点后，立即派出搜救犬在大约 600 米长的山体中搜索，大小石块交杂在一起，时间一分一秒过去了，没有得到想要的结果。

11 点 50 分我们离开第一滑坡体，12 点 28 分到达第二滑坡体，该区域大约有 500 米长，我们同时派出两条搜救犬进行搜索。突然，山上的滚石哗啦哗啦往下滑落。我吹了三声连续的短促哨音（国际通用的紧急撤离的声音信号），组织人员停止搜索，躲避落石，等滚石滑落完毕后再继续搜索。滚石并不可怕，因为可以躲闪，就怕整个山体滑坡，因为山体滑坡太长加之废墟之深，导致我们的搜救犬在危险来临时没有任何反应。

12 点 39 分我们到达第三滑坡体，因废墟坍塌，在接近背蜂箱点处，我们只能派出一条搜救犬实施搜索。直至 13 时搜救犬无反应，我决定撤出该搜救区域，基于搜索经验初步判定养蜂人被压埋在第二滑坡体。

从向导那得知养蜂人叫敖永林，男，57 岁。当我们到达白沙河水电站时，向导告诉我们在此滑坡体的对面有一条山路，可以直达停车处，于是我们跟着向导穿梭于杂草丛生、荆条遍地的原始森林。因为没有可抓的物体，只能取下随身携带的绳索作为安全保障。

当我们全部回到安全地带时，看向之前救援所处的位置，下面就是垂直 300 多米高的悬崖。所有队员面向搜索地深深鞠了 3 个躬，这也许是我们对敖永林最好的安慰，愿逝者安息，生者坚强。

4 月 25 日下午，时任四川省委书记的王东明到救援队营地看望和慰问官兵，对救援队给予了高度评价。

四川芦山地震发生后，救援队与时间赛跑，星夜兼程到达现场后，顾不上长途奔袭的疲劳，第一时间展开搜救行动，先后在芦山县、宝兴县等地区展开搜救行动 27 次，救援作业共 72 小时。7 天来，大家克服身体的极度疲劳，昼夜奋战，困了、累了就在作业现场旁边的临时帐篷内打个盹儿，饿了、渴了就在废墟旁就凉水吃点单兵食品，充分体现了救援队伍连续作战、善打硬仗的作风。特别是 4 月 22 日上午，救援分队向宝兴县摩托化机动行至 210 省道途中，由于山体坍塌和交通管制，行动受阻。我们果断抽出 32 名精干力量组成党员突击队，冒着生命危险通过 13 处山体滑坡坍塌路段，沿途对县城 48 处倒塌房屋进行搜排，13 时 15 分抵达宝兴县，第一时间向中国地震局反馈了"灾区孤岛"宝兴县城的受灾情况。当日下午，李克强总理了解到救援队已进入宝兴县城展开搜救的情况后，对救援队给予了充分肯定。此外，央视 7 频道《和平年代》栏目还对我救援官兵克服艰难险阻开进宝兴县城的行动进行了重点报道。

2013 年 4 月 24 日救援队员在滑落的山体上快速徒步行进

尼泊尔救援纪实

北京时间 2015 年 4 月 25 日 14 时 11 分，尼泊尔发生 8.1 级地震，震源深度 20 公里。尼泊尔、印度、中国、孟加拉国、巴基斯坦等国家和地区对地震都有震感，与尼泊尔毗邻的西藏自治区日喀则市聂拉木县、定日县、吉隆县震感非常强烈。地震发生后，党中央、国务院对此高度重视。当晚决定派遣中国国际救援队 62 人赴尼泊尔地震灾区开展国际人道主义救援。根据上级指示和要求，中国地震应急搜救中心立即启动应急预案，派出 7 名队员参加救援，负责指挥协调、现场搜救、后勤保障。根据任务分工，我在队伍中主要负责搜救方面的工作。

中国地震应急搜救中心吴卫民主任随即召开尼泊尔 8.1 级地震会商会，要求信息保障组立即启动国外强震灾情研判系统，迅速提供伤亡人员预判结果和发震构造、卫星影像、人口、房屋建筑、经济、民族、天气等专题图件，同时收集吸收系统内各单位提供的震感区域、人员伤亡、救援进展、次生灾害等工作成果，参考国内外知名网站、微博等新媒体发布的震区受灾信息，进行汇编并立即上报，为上级部门决策及中国国际救援队的行动提供信息支持；综合保障组积极准备救援装备、个人装备、食品和后勤物资，为随时出队做好保障；新闻宣传组及时与中国地震局办公室沟通联系，在中心门户网站更新地震综合信息及最新震情灾情，与中国地震局网站专题链接，编写信息简报，第一时间更新中国国际救援队微博，接受媒体咨询，截至 25 日 19 时 30 分，新华社、中央电视台、人民日报社、中央广播电台等多家媒体与搜救中心联系，时刻关注中国国际救援队动态。

尼泊尔北部喜马拉雅地区海拔高度在 4877~8844 米之间。地势北高南低，境内大部分地区属丘陵地带，海拔 1000 米以上的土地占总面积近一半。东、西、北三面多高山；中部河谷区，多小山；南部是冲积平原，分布着森林和草原。尼泊尔的气候基本上只有两季，每年的 10 月至次年的 3 月是干季（冬季）；每年的 4—9 月是雨季（夏季），其中 4、5 月气候尤其闷热，最高温常达到 36℃；5 月起的降雨常作为雨季的前奏，一直持续到 9 月底，雨量丰沛，常泛滥成灾。

尼泊尔南北地理变化巨大，地区气候差异明显。分北部高山、中部温带和南部亚热带三个气候区。北部为高寒山区，终年积雪，最低气温可达 –41℃；中部河谷地区气候温和，四季如春；南部平原常年炎热，夏季最高气温为 45℃。地震发生时，尼泊尔正值夏季，天气炎热，暴雨突袭，为救援工作带来一定的困难。

地震震中位于博克拉，该城市是尼泊尔第二大城市、著名旅游胜地。震中附近山地破碎，滑坡等次生灾害发生风险极高。震区建筑物抗震性能很差，建筑物类型以砌石结构、土砖房为主。

该地震属浅源地震，所释放的能量是汶川地震的 1.4 倍。地震最高烈度为IX度及以上，极灾区面积约 7400 平方千米，长轴 155 千米、短轴 58 千米，全部位于尼泊尔境内；VIII度区面积约 21400 平方千米，长轴 250 千米、短轴 135 千米，涉及尼泊尔和中国；VII度区面积约 45000 平方千米，涉及尼泊尔、中国和印度；VI度区面积约 140900 平方千米，涉及尼泊尔、中国和印度，该烈度区震害相对较轻。

地震成因是印度板块与欧亚板块沿北北东走向以 45 毫米 / 年的速度汇聚，造成喜马拉雅山脉的隆起。印度板块向北俯冲至欧亚板块之下，导致岩石的强度低于应力的强度，产生逆冲断裂，并在破裂的过程中释放巨大的能量。这种板块汇聚对整个亚洲的地质构造格局都有很大影响，可能造成中国、尼泊尔边境山体的不稳定。

4 月 26 日 12 时 10 分，中国国际救援队抵达尼泊尔加德满都首都机场。根据尼泊尔军方提供的加德满都房屋倒塌严重程度及人员被困情况，救援队立即派出由我带队的 12 人搜救分队，携带部分搜救装备，乘坐尼泊尔军方提供的交通车辆，火速赶赴加德满都市中心一座商场。

商场救援

到达商场后,在尼军方向导的带领下,我和另外两名队员来到受困人员被困地点。从外围看,这是一座五层的砖混结构建筑物,其时已层叠倒塌,在一层的建筑物内一名遇难者脸部朝下,身体的三分之二已被废墟所压埋,头部压在一名上身穿黄色衣服的受困者身上,受困者的左臂被倒塌的预制构件压得不能动弹。

走到受困者身边,我用手轻轻抚摸他,用最直接的话语询问:"Hello",只听他用非常响亮的声音对我说"Hello",通过简单对话,我初步判定该受困者意识清醒,生命体征良好。

对现场的营救立即开始,我们组织人员分工,三个人一组,一字排开。因为营救空间小,所以参加营救人员不宜过多。考虑到其他队员还比较年轻,我首当其冲站在营救最前线。首要任务是把受困者周围的废墟及时清理并对不稳固的建(构)筑物进行支撑,防止余震造成该建筑物二次坍塌。

向救援队介绍营救方案

在废墟清理过程中，辅助我们行动的还有尼泊尔军方，我问尼泊尔军人："Can you speak English?"只看到他不停地摇头，口中不停地说着我听不懂的语言。这时我看到一块小木板，便把木板放在受困者头部，他看到后立刻比画了一个"OK"的手势，这样把受困者保护好便于后期开展营救工作。

这时我们遇到了一个难题：营救空间狭小，若使用内燃装备，虽然破拆功率大，但因空气不流通，排出的烟雾一时无法挥发，对我们营救队员和受困者可能造成伤害；若使用电动破拆装备，虽然在开创狭小空间营救通道上非常实用，但对直接破拆受困者左臂上的预制构件的动作稍有不慎，就有可能造成二次伤害，且电动破拆在狭小空间内噪音大，也会给受困者的心理带来二次创伤。经过商议，在不影响主体结构的情况下，我们唯一可以使用的就只有手动破拆装备了。

在实施营救过程中最担心的是发生余震、建筑物二次坍塌和受困者的生命体征消失等情况。在第一次地震发生后有过三次余震：4月25日14时45分发生7.0级地震，震源深度30千米；4月26日7时16分发生5.0级地震，震源深度10千米；4月26日15时09分发生7.1级地震，震源深度10千米。三次余震震级都不小，对本就支离破碎的建筑带来了巨大损坏。我们在实施破拆过程中，不停地和受困者交流，因为有语言障碍，只能不间断地说"Hello""OK"，用最简单的英文单词安抚受困者，受困者也不停地回复我们"Hello""OK"。这样的交流是发自内心的，充分说明我们和受困者在一起，消除受困者的内心恐惧，其实也预示着"你好、我好、我们大家好""你出去、我出去、我们都会安全出去"的内心想法。

在营救过程中我们担心倒塌建筑物对受困者造成挤压综合征，便用随身携带的止血带在受困者左臂上方进行处理。

时间一分一秒地过去，压在受困者左臂上的预制构件也在一点一点地减少。忽然，我们发现有一只胳膊牢牢地挎住受困者的左臂。原来在他下方还有一名遇难者，地震发生时，他们都往外逃生，当时震级太大，人无法站立，建筑物瞬间坍塌导致受困者直接压在这名遇难者身上。旁边辅助我们的尼泊尔军人用肢体语言告诉我们，可以直接把该遇难者的胳膊锯掉。当时我的第一反应是"不行"，因为遇难者虽然没有生命，但也有尊严，我们要尽可能保证他的遗体完整。于是我先让外围的队友准备好担架，然后用双手抓住遇难者手腕，使劲让遇难者的右臂和受困者左臂分开，在不改变受困者原有姿势的同时，用毛毯把受困者包好，慢慢地移上担架，终于将其成功救出。

受困者被队员用担架搬运到通道口时，周围不知何时挤满了围观的当地群众，他们鼓起雷鸣般的掌声并竖起大拇指，还不约而同地大声喊着"China"。这些掌声是对生命重生的喜悦，也是对中国政府提供人道主义救援的高度赞誉。

酒店救援

在准备撤收营救装备时，当地老百姓告诉我们离该营救地点不远处，有一座 7 层酒店，废墟下面有受困者发出求救的信号。听到消息，我们顾不上多想，在当地老百姓的引导下，立即转入下一个营救地点。

到达酒店后，展现在眼前的是一座 7 层建筑物，1 至 5 层向后直接塌落，6 至 7 层向后坐落完好。我们从该建筑物的左侧——尼泊尔军队已破拆的空间内——深入废墟，通过人工喊话的方式，对受困者进行详细定位。确定受困者位置后，我们根据现场情况制定了营救方案：一是垂直破拆实施营救；二是利用酒店负责人提供的地下室线路图，破拆到地下室，由下往上破拆施救。

确定好方案后，我们分两组共同实施救援。自从 27 日凌晨队员轮换完后，我们就再也没有轮换，体力和精力都有些跟不上。可是时间就是生命，尽管队员们的身体已经疲劳到极点，但是我们没有被饥饿和寒冷压倒，依然投入到紧张的救援工作中。

27 日上午，我们第二组按第二套方案将地下室打通后开始往上破拆，因为废墟已经埋压太实，花费时间太久。在现场对废墟结构进行安全评估后，我与其他队员共同商量，确认改为采用第一套方案。下午，在我们营救的同时，土耳其救援队来到营救地点，询问过救援情况后有意加入我们，一起参与救援，经慎重考虑后我们同意土耳其救援队加入。从上往下破拆到倒塌建筑物一层时，我们听到受困者的声音越来越近。此时受困者在垂直破拆点水平往里大约 3 米处，两侧墙体相互支撑，内部被废墟物所填充，这个问题很棘手，在我们日常训练过程中，营救遇到垂直向下时水平深入的情况是最为困难的，只能在两墙体内侧把填充物移除到安全区域，与队友相互配合在困难重重的营救现场找几个水桶装上废墟物，用绳索吊升的方法将其移除。此时，又一个残酷的现实摆在面前，受困者的右腿被倒塌的墙体所压埋。困难重重，队员们压力很大，但面对生命，我们不能放弃，不能功亏一篑。

我爬出废墟后，把受困者的压埋情况进行了简单通报，土耳其救援队提出两个实施方案：一是把墙体凿破；二是用气垫进行顶升。我们没有实施，之前我们已打通一条 2.5 米深、直径 80 厘米的生命通道和一条大约 3 米长的仅供一人可进入的水平通道，在这样的情况下，破拆或顶升会导致该废墟建筑物整体坍塌，使救援行动失败。经过反复研究后，我觉得土耳其两个实施方案行不通。为安全快速营救幸存者，我们又一次深入废墟，详细观察幸存者受埋压的情况，在不停安抚受困者的同时，我们发现阻碍营救进程的关键是卡在幸存者臀部下方的多层木板。把受困者周围的废墟物清理完毕后，我们用小型液压多功能钳对压在受困者臀部那块木板上方的防盗窗进行了剪切，针对直接压在受困者腿部的木板，最安全的方法就是用电动往复锯进行切割，由于木板压在受困者右臀部，我们担心受困者身体发生异常，由救援队医疗队员深入废墟内对受困者做前期医疗处置。

我在废墟内对受困者实施固定，固定完毕后，队员轮流对压在受困者腿部的废墟物实施切割。功夫不负有心人，在全体队员的共同努力下，北京时间 4 月 28 日 4 时 15 分，废墟下的幸存者被成功救出。

这时，土耳其救援队长找到我们，对我们竖起了大拇指，说："通

我正在营救幸存者

过这次的协助救援，你们的方案和技术让我们学到了许多，希望在今后的工作中，中土双方在救援方面多多沟通交流，加强合作。"

4月26日至5月8日，救援队经过12天的艰苦工作，成功营救出2名幸存者，而且定位出多名遇难人员的遗体。此次尼泊尔救援，是国际人道主义救援历史上出动专业救援队伍最多的一次救援行动，中国国际救援队在执行任务过程中与其他国际救援队积极开展合作，并参与了联合国现场协调中心（OSOCC）和接待撤离中心（RDC）的工作，进一步扩大了我国在国际人道主义救援事务中的影响。此次尼泊尔地震救援是中国国际救援队通过IER国际重型救援队复测后首次成功完成的救援任务，意义重大。

救援实战路上的特殊"战友"——搜救犬

多年来每次参与救援工作，都会有几位特殊的战友作为搜救现场的排头兵与我们共赴"战场"，在搜索被埋压人员时他们率先冲入废墟，发现幸存者后会"通知"救援人员过来营救，这些勇敢的男孩子是"甜甜""超强""犬王""战神"……他们是我们基地的搜救犬，是天生的救援高手，是会"说话"的天使。

我们在废墟里搜索幸存者时，首先要进行人工喊话搜寻，但是只有环境安静才能保证搜寻结果准确。搜救犬却不会受到环境因素的干扰，尤其在搜索被压埋超过 3 天的幸存者时，搜救犬的搜救作用更为凸显。因为狗的嗅觉感受器官——嗅黏膜的面积约为人类的 4 倍，真正的嗅觉感受器——嗅黏膜内的嗅细胞大约有 2 亿多个，是人类的 40 倍，可想而知，狗辨别气味的能力是人类的 100 万甚至 1000 万倍。而且狗对人体的汗液最为敏感，只要被困者活着就会分泌汗液，这是搜救犬寻找到生还人员的最有利证据。

基地荣誉室里展示的英雄搜救犬"超强"模型

至今我仍清晰地记得 2003 年参与阿尔及利亚地震救援时的情景，那是我们中国国际救援队第一次走出国门，当时大家的心情格外激动，同样兴奋异常的还有与我们一起出征的 3 条搜救犬。刚刚抵达现场"超强"就立了大功，他在废墟中搜索到了一个 12 岁的男孩，那一刻令我们搜救队员信心倍增。可以说阿尔及利亚救援首战告捷，这些无言的小英雄们功不可没。

2008 年汶川地震发生后，国家地震灾害紧急救援队派出了 12 只具有高级职称的搜救犬参与现场搜救。5 月的四川，天气异常闷热，空气中弥漫着尸臭味儿，地震救援现场随时有暴发传染病的可能，加上余震危机时时存在，给搜索救援工作带来了不小的挑战。13 年后，我们仍然会由衷地夸赞一起奋战的亲密战友——搜救犬们，因为过了 72 小时的黄金救援时间后，幸存者在废墟下掩埋时间过长，没有进食饮水，身体极度虚弱甚至受到伤害，发出的求救信号很微弱，在这种情况下，搜救犬们发挥了巨大的作用，仅在映秀就搜索出 17 名埋在废墟里超过 72 小时的被困者。

当时在映秀的一处宾馆废墟进行搜救时，幸存者们告诉搜救人员那里已经没有被困的人了，但是大家仍没有放弃，连角落都搜了一遍，后来四名搜救犬训导员决定再排查一遍，不能漏掉任何一条生命的生还机会。排查宾馆的一层时，第一条犬"战神"首先开始搜索，十几分钟后他的吠叫声给大家带来了希望，但是由于地震已过三天，训导员们没有十足的把握，于是派第二条搜救犬"利剑"进入废墟里面搜索。在里面搜索七八分钟后，一场余震把废墟上的碎石震塌下来，将"利剑"埋在了里面，当时他的训导员卫建民不顾余震拼命往废墟里冲，幸运的是半分钟后，"利剑"从里面把石块扒出来，成功自救。紧接着第三条犬搜索后，也在同一个位置吠叫，通过声波探测仪确认后，搜救人员救出了一名服务员和一名厨师。

作为搜救队员，我们深深体会到每一次救援任务对于身体和心理上带来的巨大考验，其实在救援时，我们坚定的伙伴——搜救犬们，又何尝不是在种种不适中努力去拯救生命呢？

2010 年 1 月，8 名中国维和警察在海地大地震中牺牲，能找到他们的遗体，这些搜救犬可谓功不可没。当时，北京还是数九寒冬，中国国际救援队出发时机场的雪已经积了很深，此时的海地却是 40℃高温，搜救犬到达海地后身上的毛哗哗往下掉，回到北京后才重新长出来。

同年，参与青海玉树地震救援时，当地平均海拔 4000 多米，稀薄的空气让大家感到呼吸困难，搜救犬跟我们一起经历了严寒和高原反

"战神"在汶川废墟上寻找幸存者

应。当时有一条搜救犬在准备出发执行任务时晕倒了，这下可急坏了他的训导员，几位训导员把他抬到一个通风比较好的安全地点，赶紧给他进行体力恢复，连人类服用的抗高原反应的药都给他吃上了，最后这条搜救犬用了将近两个小时终于恢复过来了。玉树救援 8 天里，中国国际救援队带来的 9 条搜救犬帮助队员们从废墟下共救出 7 个人。

在地震灾区看到满目疮痍的场景时，人类会产生恐惧和心痛的感觉，然而这种情绪不容驻留太长时间，因为我们要与时间赛跑，争分夺秒搜救幸存者，无论是搜救人员还是训导员，都始终保持着这样的心态。这种要想尽一切办法找出幸存者的"救援精神"也传递给了搜救犬，每一次救援，人与犬在"战场"上共同作战，勇往直前，那些难忘的救援日子里，我们是并肩奋斗的亲密战友，是职业生涯中难忘的好搭档。

其实，搜救犬的搜救范围非常广，除了地震搜索外，山体滑坡的搜救、雪崩以及洪水的水下搜索尸体乃至于现实生活中的寻找失踪儿童，寻找和救援落水溺水者，在火灾现场辨认人类的痕迹，辨认嫌犯用过的车辆等工作，他们都可以胜任。

救援时受伤对于我们来说是在所难免的事，对搜救犬来说也一样，常年出入废墟现场，划破爪子、摔折腿、滚了一身泥都是常事。

当他们服役期满后，搜救犬队会好好照料他们的晚年生活。但犬舍不是他们的最终归宿，我们不想却不得不面对的就是这些与我们出生入死的战友们终有一天会离开。

搜救犬队基地有一片小树林，沿着蜿蜒崎岖的小路走进去有一小片开阔空地，这儿就是"忠犬岭"，中间一个墓碑上刻着"美丽"两个字，他是一只个头很大的德牧，他的训导员是个山东人，已经退役了。之所以给一只公狗取这样可爱的名字，是因为在训导员心中，自己的犬是最美丽的。

小树林深处的忠犬岭

"甜甜""战神"和其他去世的搜救犬也长眠于这里。想他们的时候，他们的训导员贾树志就会一个人溜达到小树林来，给他们扫扫墓，陪他们坐一会儿。每一只狗的样子他都记得，"甜甜"是他带的第一只犬，当初为了亲近这只漂亮的德国牧羊犬，他买来100根火腿肠来收买毛孩子，一有空就喂，还常常跟他捉迷藏。2003年参与完阿尔及利亚地震救援回国后，"甜甜"就得了急性肺水肿离开了……"甜甜"去世后，他遇见了比利时牧羊犬"战神"，"战神"跟了贾树志12年，是陪伴他时间最长的犬，也是一只功勋赫赫的犬，无愧于他的名字。汶川地震、玉树地震、尼泊尔地震、舟曲泥石流，都有"战神"拼命工作的身影。常年执行任务使得他伤病累累：脊柱上都是骨刺，还有好多个肿瘤……13岁时，"战神"到了"耄耋之年"，贾树志想让"战神"离开前，看一眼自己用尽一生守护的地方，最后的时刻，带着老"战友"登上了定都峰眺望长安街。

中国国际救援队成立以来，搜救犬们的足迹遍布阿尔及利亚、伊朗、巴基斯坦、海地、尼泊尔、汶川、玉树、舟曲……只要是灾难发生的地方，就有他们的身影，有他们的地方，就有生命的希望。他们把一生最好的时间倾注于拯救生命，穿梭在断壁残垣、砖石瓦块中，像是上帝派到人间的天使，身上闪耀着金色的光芒。

第四部分

我的思考路

及时总结现场救援与职业培训的经验与教训，这是一名
优秀救援队员在面临"智慧与力量、勇气与挑战、
危险与生死"基本考验时的成熟标志

2001 年以来，我作为国家地震灾害紧急救援队（中国国际救援队）一名救援队员和培训教官，深感责任重大、使命光荣。通过亲自参加国内外 15 次地震现场救援，我深深体会到救援是一场智慧与综合能力的考验，是一场勇气与危险的较量，是一场生与死的抗争。每救出一条生命就有一个感人的故事，就有一首美丽的赞歌，就有一段深切的亲情。20 年来，我思考最多的是关于人民的生命安全。作为救援人员，我们始终在摸索灾难发生之后怎样去拯救生命，让幸存者转危为安；思索我们的队伍应该达到什么能力，在到达现场后应该怎么去搜，如何去救；研究如何成为一名合格的救援队员，进而成为一名优秀的救援队员。这些思考还在不断总结完善中……

思考 1：救援程序

救援队开展救援的程序，应分为准备与启动、基地建设、现场救援、结束与撤离四个基本步骤。

❖ 准备与启动

准备

救援队在救援行动部署之前就应做好救援行动的充分准备，包括救援人员的个人装备保障、救援设备维护保养、启动和调动程序等。救援队管理层在救援行动之前必须做好各种部署，如建立人事资料档案等。救援人员赴灾区之前必须进行免疫，并且配备必要的个人装备，以保证他们在各种环境下的基本生活和工作条件。

救援队应建立一套启动和行动的培训及演练计划，以保证救援效率。培训也应根据需要开展和实施，以保证并提高救援人员的心理素质、体能和救援能力。

救援人员应掌握搜寻和救援行动的基本知识：道德准则、安全和保护、危险物质意识、文化意识、外部事件压力管理、生存、身体调整、基本急救。

救援队应有一个书面的调动计划，规定启动和部署队伍的必要条件。该计划包括救援队伍及其所在国家或发起机构的通知程序、队员集结程序和地点、设备包装和装运计划。

关于队伍调动的有关事项必须充分地反映在计划中并经常演练。所有救援人员应有执行救援任务所需的个人装备以及必要的设备、工具和现场工作所需物资的补给。装运计划也包含在文件中，其中用飞机起运的装备和特殊物资，应计算其重量和体积。此外，也应做好地面运输的装运计划，分类将救援设备装配到卡车上。

救援队必须建立足以完成复杂的技术救援所需的设备库，包括破拆、顶升、搬运混凝土构件的设备以及救治队员、受害者和搜索犬的医疗用品和器材。救援队必须携带通信设备以保证队员、基地指挥部、远程指挥部、现场行动协调中心和地方机构之间的通信。救援队还必须准备足够现场所需的后勤保障物资。

救援队应具有在反应时间要求内可调用的库存设备计划及设备维护保养计划。该计划应包括：设备库存目录；定期进行工具和设备使用演练，保证救援时熟练操作；对于有规定寿命的设备、物资（电池、药品等）应定期更换；设备的检查、培训、维护等规程；救援行动或培训后设备检查、入库存放规程；建立工具和设备维护保养档案；库存设备的定期维护保养时间表。

启动

在灾情发生后，首先是当地政府或有关机构做出反应，需要国家和国际的援助时，应发出救援请求并提出所需的资源。受灾国在发出救援请求时向救援国通报有关灾情和需求是至关重要的。救援行动的早期阶段，救援队到达灾区前，通常时间紧急、信息有限，为此，救援队负责人必须及时向参救人员通报有关灾害现场的天气和环境情况，以准备适当的生存物资和装备。根据灾害的类型和使命不同，携带不同的救援装备。救援队负责人根据有关规定安排参救人员的免疫和启动前的准备工作，同时必须充分了解受灾国的安全状况。在行动计划中还应包括安全防范内容。

一旦收到书面的启动通知，救援队必须按预先制定的应急救援预案召集有关人员，在规定的时间内完成队伍集结。在启动命令下达后，救援队应在规定时间内到达始离地，在该时间内，要求救援队完成如下工作：评价搜索和救援队伍的准备程度；获得政府和有关部门的调动批准；开始搜集灾害现场的情报和进行资料处理；研究灾区有关卫生和健康情况；确定参救人员并向他们提供详细的任务信息；集合搜索和救援队伍；针对健康状况筛选救援人员；查阅受灾国入境要求；集中搜索救援设备和必要的运输资源；进行必要的媒体发布；将救援人员和设备运到指定的始离地；按照救援行动中先搜索后营救的顺序制定合理的装运计划；救援行动一旦启程，应及时向所有队员介绍以下情况：队伍组织结构、指挥系统、最新的灾难信息、道德准则、医疗问题、环境状况、媒体问题和发布程序、安全和保护问题、通信程序、受灾国的政治背景、运输方式和启程信息；设备装箱应采用特殊颜色或编号的装备箱，以便于取用。

❖ 基地建设

现代灾害救援的理念不仅要求救援队能够对受灾人员实施安全、快速、高效地搜索和营救，而且对救援队自身的供给、保障等支持能力也有较高的要求，这是因为灾后现场的各种资源、设施受到不同程度的破坏，已难以保证外部救援人员的有关需求。因此，在抵达灾害现场的第一天，救援队一般都会建立自己的救援行动基地，使其在现场行动期间所需的各种保障与支撑条件得到保证，从而为救援行动的成功奠定基础。

救援行动基地的整体规划

大规模救援行动中（如大震巨灾情况下），会有本地或外部多支救援队参与救援行动。当地紧急管理机构和现场行动协调中心将根据灾害状况、本地资源支持条件、救援任务的需求、救援队数量及性质等情况，首先对救援行动基地的建立进行整体规划。

从近年来国际救援行动的现场组织情况看，救援行动基地的整体规划一般采用集中、分散、集中与分散联合三种模式。

◇ "集中"模式

将所有参与行动的救援队安排在距受灾现场较近的某一安全区域，各救援队的基地相邻而设，现场行动协调管理机构也设立在此区域内，由当地紧急管理机构集中提供燃油、生活用水等物资。如 2003 年底伊朗巴姆 6.8 级地震国际救援行动中便是采取此种模式。

此模式适用于人员伤亡严重、受灾地域较集中且面积不大、救援队数量多且通信不畅的情况。当现场协调管理中心不能建立与多支救援队有效的通信联系时，此模式可便于救援行动的统一协调管理、信息发布和救援任务分派。其缺点是救援队从基地到达营救场地往往需花费一定的时间，尤其在没有充足的交通工具时，会使救援人员消耗无谓的体力。

◇ "分散"模式

一支救援队在执行救援任务的场地附近选择安全地点建立自己的基地，并储备较充足的燃油与生活用水等物资。当转移到另一相距较远的地点时，基地也随之移动。

此模式适用于受灾地域分布广而人口聚集地较分散、救援队数量不多但功能齐全的情况，要求有充足的交通运输设备和有效的通信联络系统提供保障。当救援队之间需要相互协调援助时，其效率受限于彼此的距离。

◇ "集中与分散联合"模式

此模式是上述两种模式的综合，可视具体情况有不同的表现形式：如一部分救援队集中在某一区域建立基地，其他则单独分散在较远的灾害场地；对于受灾害影响范围较大的大中城市环境，则可先划分几个灾害区域，每个区域由几支救援队集中在一起建立基地。

救援行动基地组成

救援行动基地是救援队在灾区的指挥和条件保障地，救援队员将在此度过最多两周的时间。在此期间，救援行动基地应具有为救援行动指挥、通信联络、医疗急救、装备存放、队员生活等提供支持的功能。

救援行动基地通常由基地功能区、基地设备、基地运转及保障人员三部分组成。

◇ 基地功能区

在救援行动基地内，应设置的主要功能区有：

指挥通信区：救援队指挥部与通信中心的所在地。

医疗救护区：对幸存者、救援队员进行医疗处置的地方。

装备存放区：携带的全部搜索和营救装备的存放、维护场所。

后勤供给区：食品、水等存放、供给及加工处理的场所。

队员集会区：救援队员集结、开会的场地，一般在基地内的空旷地段。

队员生活区：队员休息、住宿的地方。

搜索犬区：搜索犬食宿地点。

车辆停放区：运输车、装备车等车辆的停放地点。

基地进出区：人员、车辆进出口，一般与车辆停放区相邻。

上述功能区的大小与分布应根据基地场地情况、救援队的具体需求进行调整或删减。

◇ 基地设备

基地设备是后勤保障设备的一部分，指用于基地建立、维持基地运转和保障队员生活供给等设备。

基地设备主要包括：

基地区域标记器材：警示带、绳及其支杆、旗帜和旗杆。

营地帐篷：分为专用帐篷和后勤保障帐篷两种。专用帐篷如指挥部帐篷、通信帐篷、医疗急救帐篷、犬帐篷等；后勤保障帐篷如食品加工/供给帐篷、库房帐篷、队员住宿/休息用帐篷等。各种帐篷除具有所需的功能外，还应能够适应灾区的气候变化。

动力照明设备：包括发电机、场地照明设备、帐篷内照明设备和燃料桶等。

办公设备：基地办公用品、工作用桌椅等。

生活供给设备：饮食处理器具、洗漱用水袋、饮食物资（应考虑灾区的生活风俗、包含犬食）、供暖设备等。

环境卫生设备：垃圾袋/箱、便携式厕所等。

安全器材：如灭火器材等。

◇ **基地运转及保障人员**

基地运转及保障人员包括基地内专用功能区的值守人员、负责维持基地正常运转和生活保障的人员。基地保障一般应设置基地保障负责人、基地设备管理员、安全值班员、生活供给员等岗位，其数量根据基地规模及保障工作的需要确定。

救援行动基地建立

救援行动基地的建立一般按准备工作、场地选择、功能区布置、搭建四个步骤进行。

◇ **准备工作**

基地建立的准备工作开始于救援队决定实施救援行动后。应根据灾害现场的环境、气候和可提供的后勤资源条件，以及救援队实施行动的预计时间、救援队员的数量等因素，进行基地后勤保障设备的配置、运输准备和基地保障人员的组织，确定并提出基地所需场地面积、进出路线与所需的当地资源等。此项工作内容，一般都应在救援队行动预案中有明确的计划，并且对有关人员已进行了培训和演练。

◇ 场地选择

在救援队向灾区行进途中，如有可能，应派先遣队先期抵达灾区，与现场行动协调中心、当地紧急事件管理机构联络，协商救援队行动基地场地的选择工作。

救援行动基地场地的选择应对如下内容进行评估：

是否为现场行动协调中心和当地紧急事件管理机构提供的地点。

区域大小是否满足需求。

是否有安全保障。

是否靠近救援现场。

进出运输路线是否快捷、安全。

周围环境情况，如高空是否有高压电线、相邻建筑物的稳定性等。

场地情况，如地形地貌，在此建立基地所花费的时间是否足够短，有无可能在降雨后被水淹没等。

当地资源支持情况，如水源、设备燃料、车辆、人力等提供的可能性等。

通信方面的问题，如地形对其是否有不利影响等。

经评估并最终确定救援行动基地场地后，用图文方式记录评估结论。

◇ 功能区布置

根据救援队的人员、装备、后勤物资、车辆和行动实施的需要，计算各功能区的占地大小，并绘制基地功能区平面布置草图。

救援行动基地规划的一般原则如下：

根据使用性质分为两大部分，一部分为工作用的功能区，如指挥通信区、医疗救护区、装备存放区、车辆停放区、基地进出区；另一部分为后勤用的功能区，如后勤供给区、队员生活区、队员集会区、搜索犬区（搜索犬区可位于两部分交界处）等。上述分区要良好地保证搜救行动的效率和队员休息的效果。

基地的进出口（大门）应面向道路一侧，根据需要可单独设置进口与出口。

基地内如有道路，则应通抵医疗救护区、装备存放区及车辆停放区。

队员生活区尽量位于基地内噪音最小的地段，卫生场所位于生活区一角的外侧。

装备存放区占地面积应足够大，以便于装备取用、维护和装卸。

发电机和燃料桶的放置应充分考虑噪声影响、维护方便和安全性等。

◇ 搭建

救援队抵达灾区后，除及时接受任务和实施搜救行动外，还应分派部分人员根据基地功能区布置草图进行救援行动基地的搭建工作。

基地区的标记是指用警示带或绳等在基地边界处进行围护，以防止无关人员随意穿越基地；救援队的标记，如旗帜可悬挂在旗杆或基地进出口一侧的帐篷外壁上。基地区与救援队的标记工作一般在基地建立开始时进行，如场地形状不规则，亦可在功能区搭建之后进行，但要注意保持搭建过程中的安全警戒。

各功能区帐篷及其内置设备的搭建顺序可根据具体情况确定。当一个功能区搭建完成后，应在帐篷外面进行标记、编号，并注明责任人的姓名；队员生活区的帐篷，应标明在此住宿队员的姓名或编号。

在功能区设备架设安置中，通信系统除完成现场安装、调试外，还需进行其功能检验工作，如检验基地与远程指挥协调管理机构的通信联系情况，和灾区救援现场通信的有效范围，并制定异常情况下的应急通信措施；对于搜救装备，除清点、检查和合理摆放外，还应重新组装因运输而拆分的设备，补充机动设备燃料，对压缩气瓶进行充气，并建立现场搜救设备的记录档案；基地保障人员应准确了解燃料、水等现场后勤资源的提供地点和时间等信息。

基地搭建中的另一项重要工作是建立供电系统，包括发电机、电缆、照明设备（场地和帐篷内）、电源插座的布设，估算基地照明、通信、生活供给电器及其他用电设备的功耗和使用规律，合理地选择发电机型号和数量；发电机安置后应检验其噪声对基地运转的影响程度，场地照明设备的安置应考虑其有效照明区域；同时，须采取必要的安全用电措施。

基地搭建完成后，应重新修改或绘制基地平面位置图并在图上标注编号和标记，并向所有队员说明基地布置、功能和有关责任人以及基地安全方面的管理要求、规定等。

❖ 现场救援

行动规模

类似地震灾害这样的大规模紧急事件，其影响范围通常会在一个较大的区域内，有可能会覆盖很多城镇。因此，事件管理将由不同级别的机构承担，这取决于他们的职责。

一个国家或几个城市辖区内，受地震灾害影响的全部地域范围称作"影响区域"；影响区域内人口密集的城镇会有较多的建筑物破坏或倒塌，这些具体的单个破坏或倒塌建筑物称作"灾害现场"；救援队员在一个建筑物或倒塌结构物中的特定工作部位称作"营救工作现场"。

根据地震灾害的破坏程度、受灾国或当地紧急管理机构的要求，确定救援行动的规模。通常，救援行动分为轻、中、重三种类型。

救援队组织结构

根据救援行动规模确定救援队的组织结构。

救援行动的实施阶段

实施阶段的工作是与搜索、营救工作直接联系的，可分为六个过程。

◇ 保护现场

实施此过程旨在为灾害现场内的救援人员、围观者、受害者提供尽可能的保护（减轻危险）。

◇ 初始评估

该过程包括收集数据、宏观调查、分析灾情及确定搜救方案，随时调整或修改救援行动部署，初始评估过程由以下5个步骤组成。

第1步：一旦抵达现场，应与当地政府有关人员联络，收集与灾害分析有关的数据并进行救援需求分析，更新和调整在启动阶段所获得的信息；

第2步：设立救援队现场指挥中心；

第3步：确定行动内容，包括正常进出灾害现场的通道、行动方案编制和优先级别、可分派的物力和人力资源、与其他救援队或组织协调救援行动的方案或建议；

第4步：给救援队员分派任务；

第5步：根据现场重新评估结果进行必要的救援行动调整。

◇ 搜索与定位

应用一系列专业技术手段进行人工、犬和仪器搜索工作，以获得受害者的反应或倒塌建筑物内部某些"空间"存在幸存者的线索。

◇ 创建到达受害者的通道

通过移除建筑垃圾、破拆建筑构件，创建到达某个"空间"（已被确认存在幸存者）的通道。

◇ 现场救治受害者

在压埋地点对受害者施救前，先进行基本的生命维持与医疗急救工作及必要的精神安抚，以增加其生存的机会。

◇ 解救幸存者

移除幸存者周围的建筑垃圾，确保没有二次伤害的可能。如果需要，应进行支撑保护，以确保幸存者的安全。在营救出幸存者后，应将其送抵可进行更高级医疗护理的场所。

❖ 结束与撤离

当救援队完成搜救任务准备撤离时，应与现场行动协调中心

（OSOCC）和地方应急事件管理机构（LEMA）取得联系，协商有关撤离事项。经同意后，清点、检查救援队携带的所有装备和基地设备，办理馈赠和移交手续，并完成运输准备等工作。撤离前，还应对基地进行一次环境清洁工作。

◇ 撤离前

队长应撰写救援队执行任务的报告，报告任务完成情况并与当地负责官员讨论救援行动的效果。

队长也应向 OSOCC 报告任务完成情况。

队长应与 OSOCC 和 LEMA 一起制定撤离计划，并将该计划送交给 OSOCC，该计划包括在开始返回前必须完成的工作以及撤离时间表。

与 OSOCC 或 LEMA 协调，通知灾害现场的媒体机构，说明救援队撤离的原因。

移交捐赠的设备和物资并将相关资料存档。

队长应将撤离的有关信息上报给本国的相关部门。

采取必要的卫生预防措施，对基地进行彻底清理。

清点、检查所有的工具和设备，安排返程运输事宜。

医疗人员应进行队员的总体医疗和身体状况评价，向队长提供有关撤离的建议。

◇ 返回驻地

完成救援行动总结的完整书面报告。

全体队员进行总结汇报。

对装备彻底清洁和消毒装备库，进行设备的更新和维护保养。

协助媒体的采访和新闻报道。

对所有队员进行全面的身体检查及事件压力状况的调查。

思考2：建筑物安全评估及救援安全要求

救援中建筑物的安全评估是解决建筑物安全程度、分析安全威胁来自何方、安全风险有多大、确保救援安全保障工作应采取哪些措施等一系列具体问题的基础性工作。

从理论上讲，不存在绝对的安全，实践中也不可能做到绝对安全，风险总是客观存在的。安全与风险是生命救援的综合平衡。盲目追求安全而耽误救援和完全回避风险而盲目救援都是不科学、不可取的。

救援中建筑物的安全评估要从实际出发，突出重点，正确地评估风险，以便采取有效、科学、客观的措施。主要包括：施救中建筑物安全评估内容、安全评估方法、安全评估经验。

❖ 安全评估内容

◈ 外部环境安全评估

施救位置是否可能遭受泥石流、崩塌、滑坡等灾害威胁；附近是否存在遭受破坏的油库、加油站、易燃易爆的化学工厂等；附近是否存在可能破坏而影响救援的建筑等。

◈ 总体安全评估

依据建筑物破坏情况，分析建筑物的现状或遭受外力后整体再发生破坏的可能性，比如倒塌方向、影响范围等。

◈ 救援部位的局部安全评估

具体为施救过程中有关构件的安全情况、支撑情况等。

❖ 安全评估方法

倒塌救援现场，建筑物破坏各种各样，埋压人员的一定是破坏严重或倒塌的建筑，应该说其安全评估的实质是风险评估。在安全风险评估过程中，有几个关键的问题需要考虑。

确定面临哪些潜在安全威胁。

评估安全威胁事件发生的可能性有多大。

一旦安全威胁事件发生，会造成什么影响？

应该采取怎样的安全措施才能确保救援人员和被救人员的安全？

解决以上问题的过程，就是安全风险评估的过程。

◇ 风险评估常用的分析方法

在理论上风险评估可以采用多种操作方法，包括基于知识的分析方法、基于模型的分析方法、定量分析和定性分析。

基于知识的分析方法

基于知识的分析方法又称作经验方法，一般不需要付出很多精力、时间和资源，只要通过多种途径采集相关信息，识别组织的风险所在和当前的安全措施，与特定的标准或最佳惯例进行比较，从中找出不符合的地方，并按照标准或最佳惯例的推荐选择安全措施，最终达到消减和控制风险的目的。

基于知识的分析方法，最重要的还在于评估信息的采集，信息源包括：①会议讨论；②对当前的信息安全策略复查；③制作问卷，进行调查；④对相关人员进行访谈；⑤进行实地考察。

基于模型的分析方法

2001年1月，由希腊、德国、英国、挪威等国的多家商业公司和研究机构共同组织开发了一个名为CORAS的项目。其目的是开发一个基于面向对象建模特别是UML技术的风险评估框架，它的评估对象是对安全要求很高的一般性系统。CORAS考虑到技术、人员以及所有与组织安全相关的方面，通过风险评估组织可以定义、获取并维护系统的保密性、完整性、可用性、抗抵赖性、可追溯性、真实性和可靠性。与传统的定性和定量分析类似，CORAS风险评估沿用了识别风险、分析风险、评价并处理风险的过程，但其度量风险的方法则完全不同，所有的分析过程都是基于面向对象的模型来进行的。

CORAS的优点体现在提高了对安全相关特性描述的精确性，改善了分析结果的质量；图形化的建模机制便于沟通，减少了理解上的偏差；加强了不同评估方法互操作的效率。

定量分析

进行详细风险分析时，除了可以使用基于知识的评估方法外，最传统的还是定量和定性的分析方法。

定量分析方法的思想很明确：对构成风险的各个要素和潜在损失的水平赋予数值或货币金额，当度量风险的所有要素（资产价值、威胁频率、弱点利用程度、安全措施的效率和成本等）都被赋值，风险评估的整个过程和结果就都可以被量化了。

定量分析试图从数字上对安全风险进行分析评估，对安全风险进行准确的分级，其前提条件是可供参考的数据指标必须是准确的。事实上，在信息系统日益复杂多变的今天，定量分析所依据的数据的可靠性是很难保证的，再加上数据统计缺乏长期性，计算过程又极易出错，这就给分析的细化带来了很大困难。所以，目前的信息安全风险分析，采用定量分析或者纯定量分析方法的已经比较少了。

定性分析

定性分析是目前采用最为广泛的一种方法，它带有很强的主观性，往往需要凭借分析者的经验和直觉，或者业界的标准和惯例，为风险管理的要素（资产价值、威胁的可能性、弱点被利用的容易度、现有控制措施的效力等）的大小或高低程度定性分级，例如"高""中""低"三级。

定性分析的操作方法可以多种多样，包括小组讨论、检查列表、人员访谈、调查等。定性分析操作起来相对容易，但也可能因为操作者经验和直觉的偏差而使分析结果失准。与定量分析相比较，定性分析的准确性稍好但也不够精确；定性分析没有定量分析那样繁多的计算负担，但要求分析者具备一定的经验和能力；定量分析依赖大量的统计数据，而定性分析没有这方面的要求；定性分析较为主观，定量分析基于客观；此外，定量分析的结果很直观，容易理解，而定性分析的结果则很难有统一的解释。组织可以根据具体的情况来选择定性或定量的分析方法。

◇ 适宜建筑物安全评估的方法

按照以上的安全风险评估方法，考虑建筑物破坏的特殊情况，我们认为采用基于知识的分析方法（经验方法）和定性分析方法比较适宜。

❖ 安全评估经验

施救中建筑物安全评估以经验为主，但是经验来源于科学的认识。地震救援中许多建筑结构处于暂时稳定状态，要明确可能引起二次破坏并对救援产生危险的部位，再根据情况确定需要支撑加固的部位。在对部分倒塌的建筑和附近有破坏的建筑进行救援时要评估可能掉落物的危险性。施救中撤掉的支撑需及时补上。施救中对可能产生危险的建筑物和构筑物进行必要的观测、监测。

◇ 建立撤离通道和营救通道

救援前首先要明确救援队员的撤离通道和安全位置。

尽量利用废墟内现有空间建立通道。

遇到障碍时，利用设备采取破拆、顶升、凿破方式开辟通道；在清理通道过程中要进行支撑和加固。

◇ 地震救援安全要求

全体队员必须树立"安全第一"的意识，救援队长是第一安全责任人。

必须对救援现场进行安全评估，明确救援行动方案后才能进入。

设置安全员，安全员应设在能够通视全局，离队长位置较近的高处，随时向队长报告险情，紧急情况下可直接发出警报指令，队员必须听从安全员指挥。

救援队员需配备头盔、口罩、手套、靴子等个人防护装备。

遇到危险及时撤离，待重新评估后才能进入。

思考3：安全保障计划

安全保障计划为多种事故提供安全指南，其首字母的组合为LCES。L代表观察；C代表通信；E代表逃生路线；S代表安全区。在任何处置场景中，上述四个方面都应当被顾及，必须确保这些地区的安全以对全体响应成员的安全负责。

安全保障措施

安全保障措施包括望、传、撤、避四个方面。

◇ 望：瞭望观察

瞭望观察是现场专职安全员的职责，该角色不参与救援操作，只做观察。他们自主地观察整个行动过程，识别潜在的危险情况，在它们变得更严重之前及时指出，并采取缓解措施。

安全员可分为不同类别。

整个救援队可以有总安全员。

特殊的危险场所可以有场所安全员。当救援人员在密闭空间中开展救援时，被指派专门看护保障变电箱的人员；或者在震后的余震期间，爬上斜坡，对大坝下救援人员进行安全预警的2人安全小队等。

安全员或瞭望者应寻找紧邻救援点、安全且视野清晰的环境，开展观察工作。

安全员不应参与实际救援行动，因为这样做可能会影响他们及时识别潜在的危险。

安全员应该通过无线电指定，并穿着安全员背心以方便识别。在救援小组规模不大的情况下，安全员的指定也可以在安全事项介绍过程中直接进行明确。

承担安全员职能的团队成员必须抵御参与救援行动的冲动，这要求安全员高度的自律性。请记住，救援任务成功与否取决于在危险成为问题之前，是否具有及时对其进行抑制的能力。

◇ 传：信息传递

正式的通信预案需要由通信专家负责制定，包括指令、战术手段、特殊电台频道等，是救援人员联系外部资源、支援，确保安全的生命线。通信预案是救援队行动方案的重要组成部分。

当救援现场可能出现危险时，可使用以下突发情况警报系统：

① 立即撤离：3声短信号（每次持续1秒）；

② 停止行动：1声长信号（持续3秒）；

③ 恢复行动：1声长信号和1声短信号。

信号发出装置不必拘泥，可因地制宜。

汽笛、汽车喇叭、哨子声、P.A.S.S.设备以及无线电台等都可用于发出报警信号。关键是在正式行动前的安全沟通会上，一定要提前明确一旦出现问题，报警信号该如何发出。举例来说，通过将两个无线电台摆放在一起，扬声器对着麦克风，按下传送按钮，声音会在所有其他调至该频率的无线电设备上响起（需要实际测试验证）。

◇ 撤：撤离路线

撤离路线是指通往安全避难区域预先制定或建立的通道。

最安全的撤离方法可能不是最直接的路线。例如，震后建筑物结构支柱就算依然存在，但是在余震期间可能会发生坍塌，虽然通往安全避难所的最直接路线就位于支柱的坍塌范围内，但只有离支柱一定安全距离的撤离路线才是最安全的。

还有一个选择是待在原地。如果某个工作区域已经进行了支持处理，且离开该区域可能使救援人员暴露于多种危险之中，这种情况下待在原地可能是最好的选择。

救援情况经常是动态的、不断改变的，可能由于外力作用，也可能是救援行动导致的。逃生计划应根据现场情况变化而不断调整。

当新的计划制定出来后，每个团队成员都必须知晓行动中的调整。这份新计划也需要得到所有团队成员的承认和认可。如果新计划被制定后没有向其他团队人员进行复述，那么有些团队成员可能对新计划的内容不清楚，这样可能会造成伤亡的严重后果。

◇ 避：避险安全区

安全区域也称为"安全避难所"，是为了避免危险伤害而提前设立的安全区或安全屋。安全区域可以是位于涉险区域外的某个特定范围，也可以是位于涉险区域内被认定为安全的某个区域。如果安全区必须位于涉险区域内，救援者应尽可能在受害者周边建安全区，以更好地保障受害者与救援者安全。

当受害者被困在一个坍塌建筑物内，并且救援人员已经围绕受害者划定了临时避难区并进行顶撑时，如果发生余震，救援人员的合理选择是待在原地。

安全预案中应指定一个安全区，供救援队清点人数。清点结果应立刻报告给上级指挥员，以便在紧急情况发生时对每个队员提供100%的安全保证。

安全保障预案

应遵循 LCES 原则，其内容应基于对救援现场的侦察评估，并经队伍负责人或来自前期在该区域进行救援的团队确定。

由于救援过程是动态的，当救援队到达新的现场后，应着手进行新的侦察评估。

如果安全预案的信息有任何变化，应马上对安全预案进行修改，所有队员都必须知晓预案发生的变化。对可能会影响整个救援行动的变化，应立刻沿指挥链向上汇报；对仅影响特定位置的变化，应传递给之后到达的救援队。

安全预案要明确立即撤离、停止行动和恢复行动的不同报警信号，另外还需要确定撤离后进行人员清点的区域。

安全保障预案传达

安全沟通会是安全保障预案传达的重要环节。在安全沟通会上要说明每个救援小分队都有哪些成员、谁是队长，同时明确各项保障功能的负责人。这也是下一行动阶段开始前，救援专家认识整个团队的最好机会。

思考4：综合搜索行动

搜索分队应具备能够在真实建筑坍塌事故现场组织和实施现场搜索行动的能力，包括：组建岗位职能完备的搜索行动分队；制定搜索行动方案；组织分队运用综合搜索手段完成工作场地搜索；规范上报信息；规范绘制工作场地标识。具体内容有：搜索行动队人员岗位设置；工作场地评估；搜索行动的标准程序；国际通用标记与信号系统；综合搜索行动实训演练。

❖ 搜索行动队人员岗位设置

一支完整的搜索行动队通常应具备以下岗位。

搜索组长（1名）：全面负责现场搜索行动的组织协调工作，熟悉掌握信息通联规则和程序。

搜索专家（1名）：具备丰富的建筑坍塌搜索行动经验，对建筑结构、二次坍塌等风险具备识别能力，熟练掌握生命搜索定位技术及各类搜索装备的使用，熟悉掌握营救技术，能够针对所发现的受困者信息辅助营救组制定可行的营救方案。

搜索组员（5~8名）：熟练掌握生命搜索定位技术及各类搜索装备的使用，对二次坍塌、危化品等风险有识别能力，熟练使用侦检装备，具备承担安全员能力，了解个人防护知识。组员数量可适当扩充，但应注意局部区域内人员数量带来的二次坍塌风险。

安全员（1名）：通常由搜索组员轮岗承担，对工作环境内的风险持续识别。

结构工程师（0.5~1名）：具备识别各类建（构）筑物类型及倒塌模式，对建（构）筑物潜在的结构风险做出评估，确保搜索行动方案的可行性。通常可在两个临近工作场地的搜索组里共用一名结构工程师。

危化品专家（0.5~1名）：具备各类危化品识别能力，能够评估排除结构以外的风险，确保搜索行动方案的可行性。

医疗人员（1~2名）：负责搜索行动队员的医疗保障和发现受困者后的快速医疗处置与生命支持。

❖ 工作场地评估

评估程序

救援队进入工作场地前，应首先确定工作场地范围，并设置警示带。

救援队开展搜救行动前，应评估工作场地及相邻区域可能出现坍塌、坠落、危化品泄漏等危险的区域，并沿危险区边缘设置警示隔离带。工作场地评估后，救援队应填写工作场地评估表。

评估方法

救援队进入工作场地前，应评估工作场地及相邻区域可能存在的危险因素。应采用下列方法：

采用遥感技术、地理信息系统等手段，标注受损建（构）筑物及危险区域。

向现场指挥部和当地居民询问工作场地及相邻区域信息。

评估内容

对工作场地及相邻区域可能存在危险因素评估的内容包括：

受困人数和位置。

受损建（构）筑物对施救的不利影响。

❖ 搜索行动的标准程序

搜索组开展搜索行动时，应将人工搜索、犬搜索和仪器搜索等方式结合使用，顺序宜为人工、犬和仪器搜索。

人工搜索一般先询问知情者，了解相关信息，再利用看、听、喊、敲等方法寻找受困者。

犬搜索应采用多条犬进行确认。

仪器搜索应根据现场环境选择声波/振动、光学、热成像、电磁波等探测仪器。

搜索组在确定受困者位置后应立即报告队长，填写搜索情况表，移交营救组实施救援。搜索组对搜索过的工作场地应做出标记。

❖ 国际通用标记与信号系统

好的标记系统应当具有简单易用、易于理解、节约资源、省时、传达信息高效、可持续应用等特点。另外，为了使不同救援队伍更高效地表达和传递关键信息，标记系统需要进行统一。本书选择INSARAG标记系统作为首选标准进行介绍。需要说明的是，INSARAG鼓励各国将INSARAG标记系统作为国家标准，这将在发生需要国际队伍援助的危机时发挥很大作用。

INSARAG标记系统由常规区域标记、建筑位置标记、警戒标记、作业场地标记、受困者标记、快速清理标记等类别的标记构成。

有效的沟通是安全开展现场行动的基础，特别是在涉及多个机构的情况下，对存在语言和文化差异的国际环境尤为重要。有效的紧急信号对灾害现场安全执行任务非常重要。采用统一的紧急信号系统，可以确保所有现场作业人员知悉如何及时准确响应紧急信号，从而保证救援人员更加安全有效地开展救援行动。

关于紧急信号系统，需要注意以下事项：

所有的城市搜救队员必须熟悉各种紧急信号。

紧急信号必须对所有城市搜救队通用。

当多支救援队在同一工作场地行动时，所有参与人员必须对紧急信号达成共识。

信号必须简洁清楚。

队员必须能够对所有紧急信号做出快速反应。

汽笛或其他适当的发声装置必须按 INSARAG 紧急信号的规则发出声音信号，以便快速正确使用。

❖ 综合搜索行动实训演练

综合搜索行动实训演练包括：

组建岗位职能完备的搜索行动分队。

评估工作场地制定搜索行动方案（包括装备需求清单）。

组织分队运用综合搜索手段完成工作场地搜索。

规范上报信息。

规范绘制工作场地标识。

余震及二次倒塌风险的应对。

其他不定因素模拟（如浅层压埋受困者的快速施救、受困者家属极端行为应对等）。

总结 1：地震现场救援要点

破坏性地震发生后，建筑物坍塌是造成人员伤亡和财产损失的主要原因。建筑物破拆是地震救援队的专长。面对这种情况，我认为最有效的救援要点有：

❖ 合理分区

地震救援现场应划分为 6 个功能区：核心作业、器材装备、作战指挥、备勤待命、车辆停靠、人装洗消。

❖ 确定搜救方案

将搜救现场分为 6 个作业区，同步开展搜救，各救援分队密切配合、高效运转。

各分队搜救力量轮番上阵，通过现场手机信号定位、人工喊话、搜救犬搜索、生命探测仪器探测等多种方式相互印证、反复侦察，实现搜索全覆盖，初步判定被困人员方位。

采取"凿破、切割层层破拆、多点位打通安全通道、蛇眼生命探测仪定位探置"的方式，确定被困人员位置。

建立失联人员清单，与公安部门共同协作，对前期已搜救出人员的位置、身份逐一核查比对，确定搜救重点区域，避免重复和遗漏。

❖ 现场搜救

◇ 搜索方式

通过现场人工喊话、搜救犬搜索、生命探测仪器探测，搜索被困人员。

◇ 营救方式

利用破拆内燃凿岩机、电动凿岩机、打磨机、液压剪切钳、无齿锯移除障碍物，采用人工移除、大型机械、绳索、支撑等方式进行营救。

各营救组根据被困者具体位置，在确保不造成二次伤害的前提下，按照"由外往里、先易后难"的顺序，综合采用"岩机破拆、气垫顶、液压剪扩"等方式据情实施垂直、斜向破拆大型厚重构件，采取"无齿锯及乙炔气焊枪切割、破拆锤击、撬棍扩张"等手段清理轻薄简易构件，多点作业、逐步推进、有序轮换。同时，前沿指挥部落实"明确信号发布、设定撤离路线、部署警戒哨、消除环境隐患"等安全措施，严防搜救伤亡。

❖ 自救互救

日常生活中，公众多了解掌握一些自救互救的安全知识非常重要，能帮助我们在到达救援现场时，真正地快速排查、快速搜索，高效地实施营救。

2008 年于文强在北川县人口和计划生育局工作，该局综合楼是五层砖混结构建筑，位于新城区有一定坡度的公路拐角处。一层是四个办公用的门面房，地震时单位的一部分职工正在上班；二层及以上为宿舍。地震造成该楼一层倒塌，全楼倾斜。

地震发生时，于先生正在一层门面房中上班，办公室的门是卷帘门，恰巧那天没有关，当感觉到强烈震动时，他立即跑到了马路上。刚跑出来，就狂风大作，天空黑了一阵，远处传来闷响，他跌跌撞撞地跑到气象局和广播电视局之间的空地上。县人口和计划生育局综合楼与县丝绸公司相邻，他眼见着街对面拐角处的气象局、广播电视局所在楼完全倒塌。

据于先生回忆，地震时感到上下晃动，接着又感觉到左右晃动，他在北川县工作和生活近 20 年，平均每年都会经历一次有感地震，因此他了解一些地震知识，知道北川县、平武县、安县等都在龙门山地震断裂带上。县城居民不时会有担心和恐惧，怕被地震"包了饺子"（北川老县城位于"三山夹两沟"的地势中。）没有想到真的一语成谶了。

总结2：救援队应具备的专业能力

根据以上建筑物坍塌救援和地震现场救援经验可以得知，我们专业救援队伍需要具备管理、搜索、营救、保障、医疗救护、灾害评估六方面能力。

❖ 管理能力

管理能力是指通过机制管理和组织协调使救援队建设顺利开展，救援行动有效实施的能力。我国救援力量经过多年的建设和实践，形成了在应急管理部集体领导下，各成员单位紧密合作，各救援力量协同配合，共同完成救援现场工作，共同建设救援队，平战结合，谋求共同发展的基本工作机制。

这种机制决定了救援队的管理具有统一性、协调性和连续性，具有包括决策能力、计划能力、实施能力、组织协调能力和总结评估能力在内的综合管理能力。

◇ 决策能力

有透析形势、把握机遇、制定规划的决策能力。一方面在平时要求救援队的建设和发展有明确的目标和准确详细的部署，要适应时代需要，满足社会需求，推动救援事业发展；另一方面在灾害发生后，要保证救援队行动的快速响应和果断决策，要以最快的速度获得灾情信息，并在最短的时间内做出快速响应和正确决策。救援队伍建立及其功能的运用和发挥是实现这种决断能力的关键和保证。所以，救援队管理的决断能力应从应急管理部的制度及应用、队伍建设发展目标和部署、救援行动程序和应用、救援行动效果和认知度等四方面得到体现。

◇ 计划能力

有制定统筹规划、全面清断、切实可行的计划能力，保证救援队工作有计划、有步骤，规范有序地进行。根据计划的时间性，可将其分为长期计划、年度计划和即时计划三个种类。长期计划是指为实现建队目标而制定的长远建设和发展规划；年度计划是指救援队年度工作计划，如救援队训练、培训和演练计划、阶段性项目计划、保障计划等；即时计划是指救援各个环节的行动计划，如启动、途中、行动、撤离、总结等。计划能力的关键体现在工作的计划性方面，要建立计划工作机制，做到凡事都有计划，建立计划文档，按计划执行。

◇ 实施能力

具备令必行、行必果、果必成的实施能力，保证救援队决策部署、计划规定的全面落实和贯彻执行。一是要做到班子团结、政见统一，牢固树立持久、和谐、一致的团队精神，形成共同打造团队的合作；二是要建立切实可行、行之有效的工作运行机制和令行通道，联接运行过程中的各个环节，保证政令畅通，准确无误；三是要落实到位、分工明确、职责清断，要准确理解、正确把握、坚决执行。只有这样，才能从本质上综合地反映出真实的管理实施能力。

◇ 组织协调能力

具备全方位、多角度、多层面的综合组织协调能力，利用和发挥全社会各方面的资源和优势，维护专业救援队建设顺利开展，推动救援队工作向前发展的重要力量。主要表现为救援队的内部和外部组织协调两个方面，队内组织协调要公开透明，要形成科学部署、攻坚克难、进取向上的工作局面；队外组织协调是救援队同外部条件和环境进行沟通、交流的桥梁和纽带，是救援队适应环境、借用条件更好更有效地服务社会、贡献力量的氧化剂和催化剂。因为救援队既要同国际社会、当地灾区政府和受困人员直接接触，又要获得各方面的支持和帮助，才能实施救援行动，发挥功效，所以队外组织协调就显得更为重要。

◇ 总结评估能力

有反馈信息建议、总结经验教训和评估结果成效的总结评估能力，是保证救援队及时自我修正、不断自我完善、恒久自我提高的源泉和动力。总结评估既要科学客观，又要全面深入；既要有成绩，也要有不足；既要能发现问题，又要有整改措施。总结评估既要避免走过场，搞形式主义，也要杜绝浮躁虚夸，宣扬功成名就；既要避免片面袒护，扬长避短，又要避免哀怨消极，妄自菲薄；既要避免盲目浮夸，宣扬功利主义，又要避免大话套话，无欲无为。总结评估能力使救援队成为一个机制和体制健全、充满活力的有机整体。

❖ 搜索能力

搜索能力是指在地震灾害或其他突发性事件造成建（构）筑物倒塌灾害发生时，搜索队员在灾害现场利用先进仪器、设备和技术对受困者实施紧急搜索和准确定位的能力。这种搜索能力要求救援队员能够首先侦测和判别灾难环境的情况和类别，做出相应的初始处置；再选择使用合适的方法和手段，进行有效的大面积宏观搜索，确定作业范围和作业点；最后通过使用精密仪器和设备进行细节搜索，发现受困者，做出准确定位并做好标记。整个搜索过程要求救援队既要适应灾难现场的实际情况和环境，又要克服各种可能出现的不利因素和困难，完成搜索行动，以此考验救援队的应变处置和形势控制能力。救援队的搜索技术和手段一般包括：侦检、人工搜索、犬搜索、仪器搜索等。

◇ 侦检

有判断灾害现场类型，侦测、检验危险品和危险源的侦检能力，这是搜索行动开始的先决条件，是保护救援队员安全及身心健康，保证救援行动顺利进行的首要准则。侦检，首先是通过查询地图、询问知情人、目测现场情况等方式，确定灾害现场类型，如居民建筑、办公建筑、商场超市建筑、生命线工程、医院、学校、厂房等；其次，使用侦检车、可燃气体探测仪、氧气探测仪、漏电探测仪等侦检设备和仪器检测危险品和危险源，如液化气、天然气等易燃易爆气体，汽油、煤油、柴油等易燃易爆液体，以及有毒有害物和辐射物等；最后，综合分析各种可能的因素，做出是否进行继续搜索和开展救援行动的判断。

◇ 人工搜索

充分发挥和广泛利用救援队员的人为优势，熟练使用和灵活运用人工搜索的方法和手段，体现人工搜索能力。人工搜索常用的方法和手段有：利用现场勘察，通过询问打探，尤其是听取现场当事人、目击者的表述，吸收各方信息，进行收集整理；通过目睹观察，直接从现场废墟的外部特征，判断和发现最有可能有受困者存活的区域和部位；通过大声喊话，敲击坚硬物体，如水泥板、铁板、钢管等，提醒受困者注意，引导受困者做出回应；保持现场安静，仔细倾听任何来自受困者发出的求救信号，最大可能地发现受困者。人工搜索是救援队在执行救援行动过程中使用最频繁、最便捷的搜索手段，是救援队最基本的搜索能力。

◇ 犬搜索

要以发现和找到存活的受困者为主要目标，在这方面，搜救犬无疑是最合适的选择。实践证明，搜救犬在救援队搜救行动中经常能发挥难以替代的作用，中国国际救援队在首次执行国际救援行动中，就是由名为"超强"的搜救犬在阿尔及利亚地震灾区搜索到一个掩埋在废墟中的小男孩，并将其成功救出。

救援队的搜救犬是具有特殊本领的工作犬，需要通过一整套系统的培养训练和资格测试才能被挑选参加搜救行动，这个过程包括：选种、挑选幼犬、养育、基础训练、搜索训练、适应性训练、基础和高级测试、身份注册、动物免疫、参与行动等。还要具备在大面积范围内克服各种干扰，搜索压埋在废墟中的受困者，并发出信号的能力。一条有潜质的幼犬至少要经过一年半到三年时间培养才能成为合格的搜救犬。在此过程中，搜救犬驯导员起着至关重要的作用，这些队员要伴随搜救犬的训练、服役和行动的全过程，还要具备喂养、看护、防疫和激励等工作能力。驯导员和搜救犬是亲密的朋友和合作的伙伴，二者相互依靠、相辅相成。救援队队员经过几年的学习和培训，经过认真探索和不懈努力，已经形成了系统的搜救犬训练和测试方法，编写了讲义和教材，正在申请获得搜救犬训练、测试和认证资质。

◇ 仪器搜索

配备先进有效的仪器设备可进行更准确的仪器搜索和更可靠的精准定位。仪器搜索的实质是根据存活的受困者所能表现出的任何体征和发出的任何信号，运用物理学和生物学原理，使用相应的仪器设备和技术手段，发现和捕捉这些体征和信号，达到对受困者准确定位。目前，常用的搜索仪器有声波／振动生命探测仪、光学生命探测仪、电磁波生命探测仪和热成像生命探测仪，这些仪器具有各自的优势和缺陷，适用于不同的场合和环境。这就要求搜索队员要熟悉和掌握各种仪器的原理和功能，准确分析和判断现场废墟的环境和结构，选择适用的仪器，进行合理的搭配，运用实用技术和技巧，安全、规范操作，达到搜索受困者的目的，完成搜索行动。随着科学技术的发展、科研成果的应用，会不断有更新、更实用的仪器和设备被发明和制造出来，同时，不断的搜索实践也会为这些发明创造提供参考和依据。

❖ 营救能力

营救能力是指救援队员在救援现场利用先进仪器和设备，使用正确方法和手段，在废墟内对搜索到的受困者实施安全的紧急营救的能力。这种营救能力要求救援队员能够首先观察和分析营救现场环境及施救废墟的形势和类别，以保护救援队员生命安全为首要准则，做出能否继续实施营救和进入废墟的判断；针对不同的灾难环境和废墟类型，迅速制定相应的营救方案，包括营救准备、人员分工，营救方法、营救装备、安全防护、受困者被营救后的转移等；根据营救方案，救援队员以安全为首，分工负责、密切配合、规范操作、科学施救；建立通向受困者的安全通道，以及能够安全撤出的路线，保护救援队员和受困者安全；接触受困者时，应该由医疗救护队员对其进行观察，做出初步判断，指导营救队员进行安全操作，成功施救。

救援队常用的营救方法有：破拆技术、剪切技术、移除技术、顶撑技术、支撑和加固技术等。

◇ 破拆技术

有一定的破拆阻挡营救过程中的障碍物、建立安全通道、安全进入的施救能力。国际救援重型队伍能力分级测评对救援队的破拆能力明确要求能够从障碍物上方，由上向下穿透障碍物，进入狭小空间，即快速破拆；能够从阻碍物侧面，横向穿透障碍物，进入狭小空间，即水平破拆，以及常规的安全破拆、斜向破拆等。

救援队常用的破拆装备有液压破拆设备、内燃破拆设备、电动破拆设备和手动破拆设备等，经常遇到的障碍物有水泥板、预制板等。

◇ 剪切技术

有一定的剪切（切割）阻碍物、建立安全通道、安全进入营救通道的能力。国际分级测评对救援队的剪切（切割）能力明确要求能够从各个方向剪切阻碍物，进入内部空间。

救援队常用的剪切装备有液压剪切、内燃剪切、电动剪切和手动剪切设备等，经常遇到的障碍物有钢板、钢筋（丝）、合金体、木材、塑料物和聚合物等。救援队的剪切和破拆功能经常结合使用，相互辅助、共同完成建立通道任务。

◇ 移除技术

国际分级测评对救援队的绳索、顶撑、移除和搬运能力明确要求能够使用绳索装备从不同方向、多角度升降和安全转移受困者，尤其要求能够利用当地提供的起重设备对一定重量的废墟进行安全移除，移除的同时必须由救援队员在现场的安全区域进行现场信息手势的指挥。

◇ 顶撑技术

救援队除了具有上述绳索、搬运和移除能力外，还能够实施顶撑作业，顶升起更大重量的障碍物并稳定加固，增加施救能力。顶撑装备有液压顶撑设备、气压顶撑设备和手动设备等。

◇ 支撑和加固技术

有一定的支撑和加固墙体以及营救空间的能力。国际测评对救援队的支撑和加固能力明确要求能够使用木材，配备楔子，垂直稳固门窗支柱，建立倾斜和支柱支撑等。这是针对救援现场和倒塌废墟经常出现倾斜、开裂的墙体，倾斜的楼板，垮塌的门可能造成再次坍塌的情况，要求救援队的营救一定要做好支撑和加固，确保墙体和营救空间不会出现坍塌及二次破坏，保护救援队员和受困者。根据救援实际情况，还可以利用脚手架进行支撑加固。同搜索装备一样，随着科学技术的发展、科研成果的应用，不断会有更新、更实用的营救装备被发明和制造出来，同时，不断的现场营救实践也会为这些发明创造提供参考和依据。

❖ 保障能力

保障能力是指维持救援队工作正常运转，支持和保障救援行动顺利实施，救援训练、培训和演练顺利开展，推动救援队建设不断向前发展的能力。这种能力是汇集人力、物力、财力、技术等各个方面综合能力的体现，是救援队建设发展的基础和动力。

救援队保障包括人员保障、装备保障、经费保障和设施保障等四个基本保障，而存在于这些保障之中的保障预案和规划使得这些保障更加合理、更加实用也更加具有前瞻性。

◇ 人员保障

救援队保障需要专业人力支持，需要有一批年富力强、爱岗敬业、精通业务、忠于职守、尽职尽责、甘于奉献的人员为主力和骨干，构成救援队的人员保障，这些人员主要包括救援队员、训练教员和管理人员等。

救援队员是指通过严格选拔和挑选，经过专业训练和培训，能熟练使用相应装备和掌握相关技术，通过资格认证的注册队员，这些队员构成了救援队的主体。在执行国际救援行动期间，确保队员人数充足，能够满足连续 10 天、每天 24 小时不间断工作和在多点作业的需要。

训练教员是指受过专业培训、具有实践经验、精通救援工作的训练教官，具有专业知识和培训经验的培训教员以及掌握总体设计和编排的演练指导，他们是教育培养和训练救援队员及其他人员的教学骨干。

管理人员是指具有较高素质和能力，具有管理经验，知识全面的、从事救援工作的行政管理人员，以及精通业务知识和行业管理的业务管理人员，他们是指导、规划、维护和推动救援队建设和发展的领导者。

救援队的人员保障是救援队综合素质和整体水平的具体体现。

◇ 装备保障

救援队保障需要技术先进精良、操作便捷实用、功能专业全面的仪器设备和用具、工具。作为装备保障，它们就好像是战士手中的武器，队伍配备的装备的优劣，直接体现整体战斗力的强弱。国际救援队分级测评的主要内容、指标和标准大都集中在对装备保障的具体要求和功能发挥上。

我们将装备保障分为侦检搜索、营救、医疗急救、通信、动力照明、运输、个人防护和后勤等八大类，共计300余种，近3万件/套，包含了达到国际重型救援队能力所需要的所有装备，确保执行任务期间救援队能够自给自足，确保行动基地的饮用水储藏及过滤，食品、人员和设备的庇护，公共卫生和警戒安全的维护等。重型国际救援队要求在受灾国发出援助请求后1小时内出发，在受灾国执行任务天数不少于10天。装备保障还需要进行检测、维修和保养等维护工作，需要配备相应的仪器设备。另外，救援队还需要配备联合国灾害评估和协调队员装备、亚太地区国际人道主义合作伙伴支撑装备和净化水处理设备等，这将是提升救援队能力，实现"一队多用，一专多能"的重要内容。

◇ 经费保障

救援队保障需要不可缺少的经费支持和投入，这是救援队建设和发展的基本保证。救援工作是一项公益事业，救援队是救人于危难的队伍，需要国家和社会给予必要的扶持和帮助，由此构成了经费保障的主要来源。根据经费的用途将经费保障分为常规经费、专项经费和行动经费三个种类。

常规经费是保证救援队工作正常运转的经费，包括办公、会议、训练（培训和演练）和消耗等费用，以年度为单位期限。

专项经费是根据救援队建设和发展需要，弥补和补充救援队建设中的不足，提高救援队能力的必备经费和发展经费，是救援工作主抓的经费，可通过多种渠道申请。

行动经费是保证救援队出队执行任务的经费，根据国际惯例，国际救援行动经费属于本国对外援助经费，包含在整个对外援助经费中，行动经费以每次行动为单位独立核算。

◇ 设施保障

救援队保障需要有足够的场地和技术先进、功能完备的基础设施作为支撑，以此构成救援队的设施保障。主要包括指挥中心、训练基地和装备仓库，以及相应的配套设备等。

指挥中心是指挥救援行动的中枢，具有灾情信息获取和趋势判断、救援行动决策和指挥、救援信息交换和发布等基本功能。训练基地是救援队学习、训练、培训和演练的主要场所，有基本训练场地、多种废墟、教室和模拟训练馆等。装备仓库是储备救援装备和物质的场所，要建立科学、规范的仓库管理制度，形成装备使用和养护良性运转机制，保证装备和专用物资储备充足，可随时调用。

救援队保障应被给予充分关注，所有重大保障规划都必须经应急管理部讨论通过，这使得各项保障工作的开展都做到有依据、有计划、切实可行、高质高效。

❖ 医疗救护能力

医疗救护能力是指救援队在实施救援行动过程中，保障救援队员身体和心理健康、保证搜救犬健康安全、对受困者实施紧急医疗救护并安全移交的能力。这种医疗救护能力贯穿于救援行动的整个过程，保证救援行动安全顺利进行，并尽最大努力为伤病灾民进行力所能及的诊断救治和卫生防疫，包括内科救治、外科救治和卫生防疫等三方面的能力。

◇ 内科救治能力

救援队的医疗救护要具有基本的内科救治能力，包括高级心肺复苏方法、常见内科危重症处理和内科常见病治疗等。高级心肺复苏方法要求掌握心肺复苏的基本流程、常用药物和高级生命支持设备的使用方法等。常见内科危重症的处理要求掌握内科危重症的病因、发病机制、诊断方法、治疗原则及具体措施，如昏迷、急性肾功能衰竭、急性左心衰、急性成人呼吸窘迫综合征、急性肝功能不全与急性胆道并发症、应激性溃疡等。内科常见病治疗要求掌握常见病的病因发病机制、诊断方法、治疗原则及具体措施，如上呼吸道感染、支气管哮喘、肺炎、肺结核、高血压、冠心病、腹泻、胃溃疡、尿路感染、中暑、糖尿病等。

◇ 外科救治能力

救援队的医疗救护要具有基本的外科救治能力，包括外科紧急救命手术、外科实用技术和常见外科疾病诊治等。外科紧急救命手术要求掌握手术的操作规程，如环甲膜穿刺术、气管切开术、胸腔闭式引流术、气胸封闭术、开颅减压术、血管结扎术、开腹探查术、心包穿刺术、截肢术等。外科实用技术要求掌握技术的操作规程，如清创术、抗感染、输血、镇痛、麻醉等。常见外科疾病诊治要求掌握外科疾病的诊治方法，如挤压综合征、烧伤、冻伤、颅脑伤、脊柱骨折和脊柱损伤、胸部伤、腹部伤、骨盆损伤、四肢伤、多发伤等。

◇ 卫生防疫能力

救援队的医疗救护要具有基本的卫生防疫能力。参与救援行动的救援队员要接种国家卫生主管部门推荐的适合国际旅行疫苗，要有国际旅行医疗体检证明，包括卫生防疫和常见传染病诊治。卫生防疫要求掌握相关的基础知识和基本理论，如水源检疫、食品卫生与营养、营地（现场和难民营）洗消、传染病监控与流行病学调、心理卫生与精神创伤等常见传染病诊治要求，掌握传染病的诊治，如鼠疫、霍乱、流脑、流感、细菌性痢疾、破伤风、流行性出血热、钩端螺旋体病、伤寒、肝炎等。救援队不仅要求医疗救护队员具有上述医疗救护能力，还要求其他队员，如搜索、营救和保障队员也掌握最基本的急救医疗、自救互救、卫生防疫和适应生存等知识、方法和技能。

关于针对搜救犬健康和安全的医疗保护，救援队采取对驯导员进行最基本的犬急救知识和技能培训并进行测试的方式，保证驯导员能在现场正确使用急救方法对搜救犬出现的意外情况进行正确及时处理。

❖ 灾害评估能力

灾害评估能力是指对未来和即时灾害的信息收集和灾情判断，救援队同受灾地区的沟通联络，保障救援行动安全、通畅进行的能力，包含联合国搜索与救援指南和方法、联合国灾害评估与协调队和亚太地区国际人道主义合作伙伴所要求满足的相关内容和功能，以及救援队特有的地震等趋势预测、灾情分析判断和恢复重建建议等能力。归纳起来，救援队的灾害评估能力包括信息收集与灾情判定、对外联络通道与联络人、行动建议和计划、余震趋势判断和结构安全性评估、恢复重建建议报告等方面。

◇ 信息收集与灾情判定

国际分级测评要求国际救援队要建立信息收集和灾情分析系统，建立同国家主管部门交流灾难信息的机制。目前，救援队已经建立了研究灾情信息快速获取、灾情及其趋势判定的技术和方法。灾情信息快速获取要求熟练掌握各种灾情信息快速获取的技术和方法，以及灾情信息的快速处理和制图方法，如利用网络、媒体和各级政府体系的灾情快速获取方法、灾区现场灾情快速获取技术和方法，利用空间技术进行灾情快速获取的技术和方法、大数据技术及其在地震灾情快速处理中的应用等。灾情及其趋势判定要求熟练掌握灾情及其判定的重要影响因素，并基于地震现场灾情状况，快速和较为准确地判定灾情程度、等级、影响区域和灾情趋势，重要影响因素分析、地震现场灾情状况实时跟踪分析、地震灾害损失评估方法和灾情程度、等级、影响区域和灾情趋势判断等。

◇ 对外联络通道和联络人

国际分级测评要求救援队必须具有一定的包括内部（队内）和外部（在受灾国时，队外）的沟通信息能力；要保证国际（国内）执行任务时互联网畅通并确保 GPS 的连接和使用畅通；要选择并任命国家和执行任务的联络人；通过虚拟现场行动协调中心同国际救灾团体进行信息交流；要向现场行动协调中心和当地紧急事务管理中心提供每日评估和搜索结果报告；要完成并递交救援队信息资料；任务结束后，要向 INSARAG 秘书处提交任务总结报告；要向救援队隶属机构推荐配置等。

◇ 行动建议和计划能力

国际分级测评要求对所有操作任务能够准备充足并有详细的行动计划；要求形成正规的总结报告并能在虚拟现场行动协调中心上及时更新；要求能够临时启动接送中心和现场行动协调中心运作（包括必备设备的提供）；要求确保清单（乘客和设备）文件有效；要求有运输计划（空中或地面方式，包括往返和在受灾国内的交通方式）；要求具有与接送中心、现场行动协调中心和当地紧急事务管理机构的协调能力；要求利用所有 INSARAG 文件；要求会使用搜救目标优选法和搜救结构评估法。

◇ 余震趋势判断和结构安全性评估

余震趋势判断包括地震现场监测和地震现场震情趋势分析。地震现场监测要求熟练掌握地震现场监测的方法、技术及其适用性，掌握布设或恢复地震现场测震和前兆台站（网）的方法和技术，达到快速提高震区监测能力的目的。地震现场震情趋势分析要求熟练掌握地震现场地震序列的分析处理、震区及相关地区地震和前兆资料的收集与分析方法，掌握重大异常的核实与判断以及宏观异常的收集和落实方法，提出震区地震类型、地震趋势和短临预报初步判定意见。

结构安全性评价包括结构震害基础、结构安全性评估标记和废墟结构的安全性评估等。结构震害基础要求了解基本的结构。结构安全性评估要求熟悉建筑物常见的几种倒塌类型及特点，学会分析结构倒塌破坏的原因，并对结构震害类型进行识别；结构安全性评估标记要求熟悉标记的内容，掌握结构安全性评估标记的方法。废墟结构的安全性评估要求掌握评估的方法和步骤，熟悉评估工作的具体内容，牢记评估工作中的注意事项。进行灾害／危险评估，如电力、堰塞湖、人身安全、危化品、次生灾害等。

◇ 恢复重建建议报告

恢复重建建议报告包括建筑物抗震设防建议和搜救能力建设建议。中国国际救援队在完成多次的地震紧急救援行动后，分别向当地政府提交了考察报告和灾后重建建议，引起了当地政府的重视。救援队已将这方面的工作作为救援行动结束时必须完成的一项工作。

救援队的能力建设是一个长期、不断发展提升的过程，是在实践中不断完善、不断提高的过程，是一项具有引领和指导作用的系统工程。

2019 年 10 月 21 日 23 点 10 分，中国国际救援队和中国救援队通过联合国 IER/IEC 测评，我在中国救援队作为副总指挥，主要负责现场导调和搜救技术及场地的搭建。

测评时我正在指挥部负责现场导调工作，突然听到对讲机里曲国胜在呼叫我，说有位美国专家问为什么我们没有按照美国标准支撑墙体，而是采用不一样的支撑方式。因为在测评期间如果有专家询问，我方必须给出一个充分的说明。于是我赶到现场，刚一站定，美国专家凯文·费莱就问道："你们墙体支撑怎么采用交叉桁条点，为什么又用钉子给固定上了？"

听到这个问题，我说："首先，我们模拟救援的场景仁和医院住院部位于科苑路 35 号，主要用于病人住院治疗，整体建筑为钢筋混凝土结构，地上 3 层，建筑面积 3600 平方米，坍塌类型为破损式坍塌。地震发生时，住院部里有医护人员和病人约 110 人；其次对该建筑物实行木材支撑，是根据废墟倒塌的形式，支撑的方向要全荷载受力。之所以用此支撑，我们是在救援现场运用过的，在训练过程中还做过大量的实验。"美国专家凯文·费莱听后赞同了我们的观点。

总结3：救援队需要掌握的救援信息

作为一名救援队员，地震发生后建筑物坍塌，我们第一时间应该考虑的是什么？是有无人员伤亡。作为专业的救援队员应该了解、掌握、收集地震三要素、震源深度、人员分布、建筑结构类型四个方面的信息。

❖ 地震三要素

地震发生时间。要知道什么时间发生的地震，如按照 24 小时制来划分，每 3 个小时为一个时间段，其对照如下：00—03（拂晓）；03—06（黎明）；06—09（清晨）；09—12（上午）；12—15（中午）；15—18（下午）；18—21（傍晚）；21—24（深夜/午夜）。

震中。是指发生地震的具体位置。发生地震后，我们必须了解震中是在人口分布多的区域还是人口分布少的区域。如：荒无人烟以及戈壁沙漠等区域，我们不必出队，因为该震中区域属于无人区。

震级。是指地震能量的大小，到底是几级地震，我国使用的震级标准是国际通用的"里氏震级"，用字母 M_S 表示，可划分为以下 7 个等级：一般将① $M_S < 1$ 级的地震称为超微震；② $1 \leqslant M_S < 3$ 级的地震称为弱震或微震；③ $3 \leqslant M_S < 4.5$ 的地震称为有感地震；④ $4.5 \leqslant M_S < 6$ 级的地震称为中强震；⑤ $6 \leqslant M_S < 7$ 级的地震称为强震；⑥ $7 \leqslant M_S < 8$ 级的地震称为大地震；⑦ $M_S \geqslant 8$ 的地震称为巨大地震。

2008 年我国四川汶川发生里氏 8.0 级巨大地震，我们的第一反应是肯定有人员伤亡。还没有等到上级下达命令，我们就做好了一切出队准备。

❖ 震源深度

我们还应该知道震中到震源的距离，叫作震源深度。

浅源地震：震源深度 0~60 千米，简称浅震。浅震对建（构）筑物威胁最大。同级地震，震源越浅，破坏力越强。

中源地震：震源深度 60~300 千米。

深源地震：震源深度 300 千米以上。目前观测到最深的地震震源深度是 720 千米。

对于同样震级的地震，由于震源深度不同，对地面造成的破坏程度也不同，震源越浅，破坏越大。

2008 年"5·12"四川汶川里氏 8.0 级巨大地震，震源深度 14 千米，属于浅源地震。据统计，地震共造成 69227 人死亡，374644 人受伤，17923 人失踪，是中华人民共和国成立以来破坏力最大的地震，也是唐山大地震后伤亡最严重的一次地震。

2015 年尼泊尔发生里氏 8.1 级巨大地震，震源深度 20 千米，该地震也属于浅源地震，所释放的能量是汶川地震的 1.4 倍。

❖ 人员分布

我国地域辽阔，人口众多。2021 年 5 月 11 日，第七次全国人口普查领导小组发布全国人口为 14.1178 亿。

从年龄结构看，0~14 岁人口为 25338 万人，占总人口比重的 17.95%；15~59 岁人口为 89438 万人，占总人口比重的 63.35%；60 岁及以上人口为 26402 万人，占总人口比重的 18.7%（其中，65 岁及以上人口 19064 万人，占总人口比重的 13.5%）。

从性别结构看，男性人口 72334 万人，女性人口 68844 万人，总人口男女性别比为 105.07：100。

从城乡结构看，居住在城镇的人口为 90199 万人，占总人口比重的 63.89%；居住在乡村的人口为 50979 万人，占总人口比重的 36.11%。

从民族来看，汉族人口为 128631 万人，占总人口比重的 91.11%；

各少数民族人口为 12547 万人，占总人口比重的 8.89%。

我国是一个由 56 个民族组成的大家庭，作为救援队员应该了解掌握并尊重各民族风俗习惯。民族风俗习惯是各民族在其长期历史发展过程中逐渐形成的共同喜好、习惯和禁忌，它表现在饮食、服饰、居住、婚姻、生育、丧葬、节庆、娱乐、礼节和生产等诸方面。自然环境、生产力水平、生产方式、重大历史事件和重要人物都是影响民族风俗习惯形成的因素。在任何灾害现场，我们都要考虑其民族风俗所涉及的如祭祀崇拜、节日生活、饮食习惯、礼仪规范、处事方式等禁忌。

❖ 建筑结构类型

随着我国经济的快速发展、城市化建设步伐的加快，作为救援队更应该掌握城市建筑物的建筑材质。我国建筑的结构类型可分为钢筋混凝土结构、砖混结构、钢结构、砌石结构、木结构等。随着脱贫攻坚收尾阶段的到来，我们即将取得全面胜利，可以欣喜地看到，我国目前已基本没有以前的老旧土坯房屋。

2020 年我国新疆伽师发生里氏 6.4 级地震，我们地震救援队第一时间乘坐军用飞机到达灾区，军方提供的军车把我们送到受灾最严重的琼库尔恰克乡。当地居民居住的房屋为土木（土疙瘩）结构，学校和当地政府大楼为砖墙结构。地震发生后，倒塌的基本是民居房屋，当地百姓可以迅速开展自救互救，而我们则带上最先进的搜索装备去医院、学校等砖墙结构的建筑聚集地开展营救。

综上所述，作为专业救援队员，在地震发生后，我们应该根据地震发生的时间、具体地点、震级大小、震源深度等因素，研判是否出队。如果出队，要根据受灾区域人员分布、建筑结构和质量，有重点地配备好专业的救援装备，以及确定营救的重点区域。

总结4：要向国外同行学习借鉴

目前我们与国际先进救援队的差距是什么？是我们的搜救装备吗？还是我们的搜救技术？

通过这么多年和国外同行的交流及搜救现场实际救援的了解，结合现状分析得出，我们应该取别国救援技术之长，弥补我们的救援之短，但不能照搬照抄，因为我国灾害频繁，我们积累的实战经验也很多，可以根据救援现场实际情况，总结归纳一系列灾害现场搜救的训法和救法，形成具有中国特色的救援体系。

就拿常用的绳索来说，通过学习日本、美国等一些国家的绳索技术后，我作出以下分析：

首先我国目前还没有一个厂家生产专业的救援绳索装备，也许是资金投入大、实验成本高、效益见效慢，因此基本是通过国外品牌代理来满足目前需求。

其次，国外绳索的一系列配套装备已形成完整的体系，再加上每年的新装备研发再替换以前的老式装备，其核心是研发的绳索装备以及装备产出的实操运用技术。

最后，我们每年采购国外绳索需要花费很多经费和技术学习费用，如果我们通过装备研发以及实用技术的运用，可以形成体系健全的装备技术使用规范。

总结5：如何成为合格的救援队员

这么多年我想的最多，也是我亲身体会的，就是要成为一名合格的救援队员应具备以下五个方面的素质。

❖ 政治是根基

我们作为一线救援队员，应时刻牢记"我是谁，为了谁！"因为我们是党和人民的救援队员，我们要践行习近平总书记在2018年11月9日给全国综合性消防救援队伍的训词精神，始终做到"对党忠诚、纪律严明、赴汤蹈火、竭诚为民"，听党话、跟党走是我们的政治根基，坚定理想信念是我们战胜任何灾害救援现场艰难险阻的有力法宝，是保证我们职业化救援队伍前进的动力。只要党和人民在召唤，我们就始终保持着"召之即来、来之即救、救之即胜"的信心和勇气，用实际行动践行我们的铮铮誓言，永远做党和人民的"守夜人"。

❖ 体能是前提

在这么多年的救援实战中，体能是我们的救援之本，在军队跑5公里是家常便饭，做俯卧撑、仰卧起坐等对我们来说也是小菜一碟。那为什么说体能是救援的前提呢？因为救援现场的环境是十分恶劣的，要求救援队员必须要有非常充沛的体力支撑。

2010年，我参加了日本东京消防学校第50期特别高级救助队培训班。报到当天艳阳高照，大概有37℃的高温，报到完毕后，日本教官特别严格，在下达全部集合的口令后对我们每个人的服装进行检查，就连鞋带都不放过。检查完毕后，并没有给我们休息的时间，而是命令队伍间隔一米散开，就这样训练正式开始了。

培训班共有 60 名学员，第一个训练动作便是波浪式俯卧撑，从第 1 名开始 10 个、10 个地连着做，一直到第 60 名，这样下来大多数人都没坚持下来，因为这样做几乎达到了每名学员的体能极限。

东京消防学校的训练场不是很大，但我们的训练却是井然有序的，1 个多月的训练让我感觉像回到了部队的生活。每天 7 时 30 分到学校，准备训练器材；8—9 时体能训练；9—12 时班组分别训练；12—13 时午饭及休息；13—14 时体能训练；14—17 时班组轮换训练；17—18 时体能训练；18—19 时装备保养。

训练期间，无论艳阳高照还是狂风暴雨，我们的体能训练从未间断。期间有的学员双手磨出血泡，但是大家从未退缩，一直努力坚持着。

在和松池教官的交谈中得知，作为救援队员必须要通过这样的魔鬼式训练才能适应错综复杂的救援现场，如果没有充沛的体力根本无法胜任救援工作，更别提带队伍上一线了。我们只有亲身经历救援训练的艰辛与困难，才能带领队伍执行好救援任务。

也正因为亲身经历过，我们才真正感悟到体能是前提，且贵在坚持。

❖ 技能是基础

救援技能要求细化到熟悉每件装备，使用装备的每个环节、每个细节都得反复训练，在训练中掌握装备的性能。实践是检验真理的唯一标准，作为职业化救援队员，就应该对运用的装备了如指掌，通过长时间的训练，知道每件装备最大的优点和缺点。

2010 年，在青海玉树民族旅馆的救援过程中，一张席梦思床垫侧翻，阻挡了营救的通道，我们选择用液压剪切钳，当剪切钳碰到席梦思床垫的弹簧时，却怎么也剪不开。购买装备时，厂家告诉我们这把剪切钳剪切钢筋没有问题，可没有想到它竟然剪不开席梦思的弹簧。

这个案例告诉我们，要把现场施救实例搬到训练场，这样才能进一步提升人、装备及场地的有效结合，提升我们的整体救援能力。

❖ 心理是保证

一听说尸体人们就会心里恐慌、心跳加速，这是我们每个人的正常反应。但是在救援现场，与尸体相遇是再正常不过的事。只有克服了对尸体的恐惧，救援工作才能得以开展。

2002 年，22 岁的我开始接受心理训练，第一个训练任务是在墓地找扑克牌。因为正常人害怕黑，而墓地又是埋死人的地方，这对我们的心理是极大的考验。通过长时间的训练，最终我们也就习惯成自然了。

第二个训练场是停尸间，当时我们去的是解放军总医院第三医学中心的太平间。走进太平间，里面阴森森的，伸手不见五指，面对冷冰冰的尸体，我的心跳慢慢加速，砰砰直响。当时我们的紧张程度达到了极限，只能靠坚强的意志努力克服，最终完成了训练任务。

第三个训练任务是现场实战，经过墓地的黑暗和在太平间与尸体的零距离接触后，我们要真正面对救援现场，因为在现场面对的遇难者遗体才是对救援队员视觉和嗅觉的真实考验。所以强大的心理是我们救援制胜的一个重要前提。

❖ 理论是支撑

无论是在训练场还是救援现场，任何时候都要以科学为依据，现场施救要结合结构力学。因为现场废墟错综复杂，保证队员无伤亡，最大限度解救受困者，是每一次救援时摆在我们面前的问题。

作为职业救援队员，面对救援现场，怎样才能够安全、快速、高效地把受困者救出来并保证其转危为安呢？我的理解就是以下四个字。

静：到达救援现场后，面对的场景往往是幸存者的家属和废墟下的受困者，特别是受困者在听到家人的呼喊时情绪失控，这样会大大消耗受困者的体力，势必会影响受困者的身心健康，也给我们的施救带来更大的困难。

轻：建筑物倒塌后会形成亚稳态结构，我们希望维持这种暂时的安全空间，并通过及时的医疗和心理救治等措施保持幸存者的生理状态。如果贸然登上废墟或动用大型机械挖掘，很可能导致亚稳态结构失衡，对里面的幸存者或救援人员造成不必要且不可逆的伤害。

慢：幸存者从废墟里被安全救出后，由于长时间遭受压迫，坏死的肌肉会产生大量钾，一旦移开重压，钾会通过血液循环对肌体尤其内脏产生毒害。正确的做法应是先包扎稳定后，再移开重物。一切动作都要小心谨慎，不能急于求成，以保证安全健康地救出幸存者。

稳：救出受困者时要"稳"。从救援现场到救护车，再转运到医院，都要保持幸存者的身体姿势，归根结底是为了避免二次伤害。我们不仅要让幸存者生还，还要为他（她）今后的生活考虑，"不求最快，但求最好"地将其救出。

22年的救援路，让我深深感受到灾害的无情和人间的大爱。我不希望发生灾难！但是当灾难来临时，我将无所畏惧，用我的智慧、我的技术、我的双手来捍卫废墟下每一条生命的尊严！

我的22年救援路，希望能够帮助你成为一名合格的救援队员！这些经验，希望能够帮助你在遭遇灾害时免受伤害！……

编后语

岁末已至，敬颂冬绥。新冠疫情已经放开，经历过恐惧与绝望，人们终于看到了胜利的曙光。恰如每一次地震中被埋压的幸存者，在救援通道透进光亮的一瞬间，看到了生还的希望。

《我的救援之路》出版在即，我又产生了两个新的问题，于是来到国家地震紧急救援训练基地，再次与王念法进行了短暂的交谈。

心理防卫

从事救援工作 22 年来，王念法参与过国内外十余次地震救援任务，每一次救援情景都历历在目。当我问及救援时目睹惨烈的废墟现场，连续进行高强度、超负荷的救援作业，经受不分昼夜的睡眠剥夺，救援人员的生理和心理已处于高度应激状态，当时如何调适心理的问题时，他沉默良久方才开口。

紧张、焦虑、恐慌，这些不安的情绪在第一次救援时出现实属正常。在之后的每次救援过程中，他依然会有所顾虑——担心余震出现时没能及时逃生；害怕剪错一根钢筋会造成建筑物瞬间倒塌，导致自己和幸存者一起被埋进废墟……每次救援都与死神擦肩而过，命悬一线的关头反复考验着他的内心。

提及第一次参与救援任务是在阿尔及利亚，他说在救援现场才真切地感受到要充分协调嗅觉、听觉、视觉、触觉——扑面而来的尸体腐臭味儿是此前从未感受过的，废墟上的哭喊声也是未曾预料过的，瓦砾中残缺不全的肢体更是让人难以直视。救援队员们一边努力与自己的生理和心理作战，一边用手将尸体转移出来，高温下丝毫不敢放慢动作，因为那是他们的使命。温家宝总理写给大家的表扬信在救援现场给了他们莫大的鼓舞，他清晰地记得 2003 年 6 月 4 日，30 位救援队员在人民大会堂接受了回良玉副总理的接见，那时英雄们感到无上的光荣。

他说抗压能力取决于对待工作的态度，既然救援工作赋予了他们使命感，他们就要为废墟下的每一条生命带来生的希望，将每一位遇难者有尊严地带离生命的终止点。因此在救援现场，他要先战胜自己的不安，表现得足够坚强才能让被埋压的生命也变得坚强。当他说"把所有注意力都用在救眼前这个人时，已感受不到危险"这句话时，眼中闪着坚毅的光。

从王念法提供给我的许多照片和视频中，除了建筑物倒塌、砖石铺地、地面龟裂等惨状，最触目惊心的是一堆堆、一层层、一片片的尸体。我尝试将自己代入情境，看着照片中的北川中学新校区山石滚落，校舍倾塌，王念法和同事站在废墟上，表情凝重，原来这地下竟埋了300多名学生！我试想在海地捡起"老兵"牌鞋子的瞬间，向8位遇难"亲人"悼念的时刻，他一定体会到了束手无策的无奈和挫败感。于是我问道救援人员都会接受心理疏导以避免产生"灾后综合征"吧，然而他沉默几秒后只说了一句："回来就不想了，让它翻篇。"

虽然有些吃惊，我想这应该与救援队员事前接受过专业的心理训练有关。又猜想或许他们开启了心理防卫机制，能自我消化一些潜在的心理创伤吧。于是从基地回来后，我查阅了一些关于救援人员心理应激及干预方面的资料。

当救援人员所面对的事故场面超过自身心理承受能力时，其心理防卫机制就会随之启动。这是一种自我防御功能，通过抑制对创伤的觉察，来回避创伤的消极体验，带有自我压抑性，是潜意识中为避免精神上的痛苦、紧张、焦虑等情绪所使用的各种心理调整。这种防御机制具有自我欺骗性，以掩饰自身真正的动机，或否认对自身可能引起焦虑的原因或记忆。虽然能消除一些情感上的痛苦，但这种"欺骗自己""歪曲现实"的方式不能真正有效地解决救援人员的心理问题。大体了解了这个原理后，可以想见，王念法在将记忆强行翻篇时会有太多不敢触及的伤疤，能做的唯有交给时间去慢慢将自己治愈了。

正因为目睹过太多次救援现场的惨象，王念法认识到在平时的培训中加强心理训练的必要性。他深知队员体能好、技能好未必会在救援现场充分发挥能力，过硬的心理素质也是考验综合素质的必要因素。即便演练再逼真，也是在安全的情况下模拟救援，真正的灾情现场存在着太多的不确定因素，远超过大家预想的复杂。于是在他的建议下，基地成立了心理实验室。我在新华社为王念法拍摄的纪录片中看到他用在阳光下暴晒过好几天的排骨气味模拟尸体的腐臭味儿，"不近人情"地让参与该实验的队员们凑近去感受那令人难以忍受的嗅觉冲击，害得队员们不停呕吐。

救援队刚刚成立时，每一名队员都是新人，虽然学了不少最新的理论知识和技能，却还是要在实战中一路摸着石头过河。22年过去了，当年的新人早已成为经验丰富的前辈，如今在救援现场，老同志冲在前，新同志打辅助，这种以老带新的工作方式为新队员创造了一个心理缓冲期，有效地保护了新队员的心理健康。

如今王念法与中国科学院心理研究所的合作正在进行中，为队员进行救援后的心理疏导，我相信这个满身韧劲儿的山东汉子一定会带领大家摸索出一套行之有效的心理训练方法。

心理重建

我在新闻报道中看到过在"5·12"地震中亲自被王念法救出的马小凤写给他的感谢信，她只是众多要感谢救援人员的代表之一。我想在22年来以命搏命的救援生涯中，他应该也会有要感谢的人吧。没想到，王念法脱口而出："灾区的孩子！"他说，在多年的救援工作中发现压在废墟中的孩子特别坚强，重物压在身上，会让他们瞬间失去痛感，身体已经麻木，他们不但不哭，还对救援人员说了很多感谢的话，在现场也给王念法带来了很大鼓舞。灾区成年人的坚强，也传递出无形的力量，让王念法和队友们动容。

在查阅资料时，我了解到受灾人群灾后心理恢复时间很长，这超出了我的认知。地震灾害事件给当事人造成了自身伤害、亲朋伤亡、家园被毁、财产损失等不幸，惨痛的记忆及对未来生活的迷茫让许多人无法直面现实，进而可能会出现创伤后应激障碍，表现为过度唤醒、回避、闯入与重复等心理反应，其持续时间可能为数周、数月乃至数年，一些人的心理恢复往往需要10至20年时间。据国外心理学家研究：地震事件导致的情绪痛苦引发反复的深思与试图减轻痛苦的行为尝试，在最初的应对成功之后，沉思转变为对创伤及其生活影响的思考，于是个体的认知方式有了改变，情绪有了积极改善，生活得到良性发展，当事人出现创伤后成长。

毋庸置疑，开展受灾地区群体康复性心理重建是非常重要的。通过心理治疗，大多数当事人的心理问题可以得到缓解，但仍有部分受灾者存在心理问题，需要建立心理重建长效机制。主要方法是开展心理疏导，以心理治疗为基础、心理疏导为主导，通过将心理疏导与全民知识教育和其他素质教育有机融合，实现疏导活动与心理调节之间的关联，以心理疏导来带动心理治疗。而且，把心理教育、知识教育和其他素质教育有机融合起来的认识与想法，与《国家中长期教育改革和发展规划纲要》相关内容的表述是完全一致的。

王念法对灾区孩子的特殊感情和惦念，时至今日还在持续着，也许他没有意识到自己已成为开展心理重建的"关键人"。无论孩子们到北京来玩或是看病，王念法和家人都会为他们安排住宿，带孩子们品尝北京美食，给他们买"新奇玩意儿"。也许在王念法的心里，这些孩子早已成为了他的远方亲人。马小凤大学毕业前几天给王念法打来电话，说她打算回老家找工作，为家乡重建出力！听到这个消息，王念法激动不已。伴随救助对象成长的过程中，王念法给予了他们非常重要的心理疏导。王念法说起孩子们，就像夸耀自己的孩子一样，可是对于自己的孩子却心怀愧疚——从儿子出生至今，他陪伴在旁的日子少之又少，连接送儿子上下学的次数都屈指可数，缺席儿子的成长一直让他感到遗憾。好在儿子非常懂事，对于父爱的缺失，他并没有多少怨言，还在去年元旦为父亲画了一幅肖像画。

地震救援方兴日盛，发展道路任重道远。从 2008 年救援基地建成，以王念法为骨干的基地教官组织开展了上百期各类救援培训，培养出各类专业救援人才数万人，全国专业救援队伍还在不断扩大中。虽然我们不希望灾害发生，但是我们坚信，一旦有地震发生，以王念法为代表的救援先锋和年轻的救援力量，凭借着与时俱进的救援方法和更先进的设备，一定会出色地完成任务，为灾区人民保驾护航。